技工院校一体化课程教学改革电梯工程技术专业教材

电梯整机电气设备安装与调试

人力资源社会保障部教材办公室组织编写

中国劳动社会保障出版社

内容简介

本书主要内容包括 PLC 控制电梯整机电气设备安装与调试和微机控制电梯整机电气设备安装与调试两个学习任务。

图书在版编目（CIP）数据

电梯整机电气设备安装与调试 / 人力资源社会保障部教材办公室组织编写 . -- 北京：中国劳动社会保障出版社，2020

技工院校一体化课程教学改革电梯工程技术专业教材

ISBN 978-7-5167-4581-6

Ⅰ. ①电…　Ⅱ. ①人…　Ⅲ. ①电梯 – 电气设备 – 设备安装 – 技工学校 – 教材②电梯 – 电气设备 – 调试方法 – 技工学校 – 教材　Ⅳ. ①TU857

中国版本图书馆 CIP 数据核字（2020）第 177054 号

中国劳动社会保障出版社出版发行

（北京市惠新东街 1 号　邮政编码：100029）

*

北京谊兴印刷有限公司印刷装订　新华书店经销

787 毫米 ×1092 毫米　16 开本　9.5 印张　162 千字

2020 年 10 月第 1 版　　2025 年 5 月第 3 次印刷

定价：19.00 元

营销中心电话：400-606-6496

出版社网址：http://www.class.com.cn

http://jg.class.com.cn

技工院校一体化课程教学改革教材编委会名单

序

习近平总书记指示："职业教育是国民教育体系和人力资源开发的重要组成部分，是广大青年打开通往成功成才大门的重要途径，肩负着培养多样化人才、传承技术技能、促进就业创业的重要职责，必须高度重视、加快发展。"技工教育是职业教育的重要组成部分，是系统培养技能人才的重要途径。多年来，技工院校始终紧紧围绕国家经济发展和劳动者就业，以满足经济发展和企业对技术工人的需求为办学宗旨，既注重包括专业技能在内的综合职业能力的培养，也强调精益求精的工匠精神的培育，为国家培养了大批生产一线技能劳动者和后备高技能人才。

随着加快转变经济发展方式、推进经济结构调整以及大力发展高端制造业等新兴战略性产业，迫切需要加快培养一批具有高超技艺的技能人才。为了进一步发挥技工院校在技能人才培养中的基础作用，切实提高培养质量，从2009年开始，我部借鉴国内外职业教育先进经验，在全国200余所技工院校先后启动了三批共计32个专业（课程）的一体化课程教学改革试点工作，推进以职业活动为导向，以校企合作为基础，以综合职业能力培养为核心，理论教学与技能操作融会贯通的一体化课程教学改革。这项改革试点将传统的以学历为基础的职业教育转变为以职业技能为基础的职业能力教育，促进了职业教育从知识教育向能力培养转变，努力实现"教、学、做"融为一体，收到了积极成效。改革试点得到了学校师生的充分认可，普遍反映一体化课程教学改革是技工院校一次"教学革命"，学生的学习热情、综合素质和教学组织形式、教学手段都发生了根本性变化。试点的成果表明，一体化课程教学改革是转变技能人才培养模式的重要抓手，是推动技工院校改革发展的重要举措，也是人力资源社会保障部门加强技工教育和职业培训工作的一个重点项目。

教学改革的成果最终要以教材为载体进行体现和传播。根据我部推进一体化课程教学改革的要求，一体化课程教学改革专家、几百位试点院校的骨干教师以及中国人力资源和社会保障出版集团的编辑团队，组织实施了一体化课程教学改革试点，并将试点中形成的课程成果进行了整理、提炼，汇编成教材。第一批试点专业教材2012年正式出版后，得到了院校的认可，我们于2019年启动了第一批试点专业教材的修订工作，将于2020年出版。同时，第二批、第三批试点专业教材经过试用、修改完善，也将陆续正式出版。希望全国技工院校将一体化课程教学改革作为创新人才培养模式、提高人才培养质量的重要抓手，进一步推动教学改革，促进内涵发展，提升办学质量，为加快培养合格的技能人才做出新的更大贡献！

技工院校一体化课程教学改革
教材编委会
2020年5月

目　　录

学习任务一　PLC 控制电梯整机电气设备安装与调试

学习目标

1. 能读懂 PLC 控制电梯整机电气设备安装与调试任务书，与项目组长进行专业沟通，明确工作目标、内容与要求。

2. 能进行现场勘察、安全技术交底、设立施工通告牌等开工前的必要准备工作。

3. 能根据任务书制订工作计划，包括人员组织、时间组织、技术组织等。

4. 能根据 PLC 控制电梯整机电气设备原理图编制接线表，绘制接线图。

5. 能完成 PLC 控制电梯整机电气设备的安装，实施电气检查、绝缘检查、接地检查、电压符合性检查及慢、快车运行调试，排除常见故障。

6. 能规范填写电梯整机电气设备安装与调试过程报告，按行业标准对安装、调试结果进行自检，确保电梯安全、可靠地运行。

7. 能归纳总结电梯整机电气设备安装与调试方法要点、技术技巧、故障排除方法和注意事项。

8. 能总结工作经验，分析不足，提出改进措施。

9. 能与他人开展良好合作，进行有效沟通。

建议学时

110 学时

工作情境描述

某公司拟安装8台PLC控制电梯，目前电梯整机机械设备安装与调试已完成，需对电气设备进行安装与调试。电梯控制系统由PLC控制器及其外围配套电气元器件构成，拖动系统为VVVF四层站系统。现承接此项工程的电梯公司要求电气安装、调试人员进场，依据国家、行业标准要求完成电梯整机电气设备安装与调试任务，使电梯正常运行，完成后交付验收。

工作流程与活动

学习活动1　明确工作任务（6学时）

学习活动2　施工前的准备（6学时）

学习活动3　制订工作计划（12学时）

学习活动4　安装实施（30学时）

学习活动5　调试实施（52学时）

学习活动6　工作总结与评价（4学时）

学习活动 1　明确工作任务

学习目标

1. 能读懂 PLC 控制电梯整机电气设备安装与调试任务书，与项目组长进行专业沟通，明确工作任务。

2. 能通过获取 PLC 控制电梯整机电气设备安装与调试资料，解读工作任务。

3. 能填写 PLC 控制电梯安装与调试过程报告。

建议学时　6 学时

学习过程

一、获取安装与调试任务书

电梯安装、调试人员从公司项目组领取 PLC 控制电梯整机电气设备安装与调试任务书，与项目组长进行专业沟通，了解工作任务的基本内容。

PLC 控制电梯整机电气设备安装与调试任务书

合同编号	SZJSXYPC-2019-01		
使用单位	高技电梯培训公司	联系人	张三
工程地址	将军帽路 1 号	电话号码	13813813800
施工类别	安装 ☑　调试 ☑ 维修 ☐　改造 ☐	施工日期	
设备名称		完工日期	
台数	8 台	额定载重	1 000 kg

续表

施工人员	
负责人	
施工说明	某公司拟安装 8 台 PLC 控制电梯。电梯整机机械设备安装与调试已完成，需进行电气设备安装与调试。电梯控制系统由 PLC 控制器及其外围配套电气元器件构成，拖动系统为 VVVF 四层站系统，要求完成机房、轿厢、层站、井道电气系统的安装，安装应安全、牢固、可靠，符合《电梯制造与安装安全规范》（GB 7588—2003）、《电梯安装验收规范》（GB 10060—2011）、《电梯工程施工质量验收规范》（GB 50310—2002）的要求，并进行电气检查、绝缘检查、接地检查、电压符合性检查及慢、快车运行调试，排除故障，使电梯正常运行
签发人	年 月 日

二、获取相关资料

获取 PLC 控制电梯整机电气设备安装与调试资料。

PLC 控制电梯整机电气设备安装与调试资料

PLC 控制电梯整机电气设备安装与调试资料列表

序号	名称	已收集打“√”
1	电梯布置图	□
2	钢结构框架图	□
3	电气原理图	□
4	接线图	□
5	控制柜布置图	□
6	安装与调试手册	□
7	《电梯制造与安装安全规范》（GB 7588—2003） 《电梯安装验收规范》（GB 10060—2011） 《电梯工程施工质量验收规范》（GB 50310—2002）	□

三、解读工作任务

1．根据 PLC 控制电梯整机电气原理图及下面的实物图、组成方框图，写出 PLC 控制电梯整机电气系统的子系统。

PLC 控制电梯整机

控制柜模型

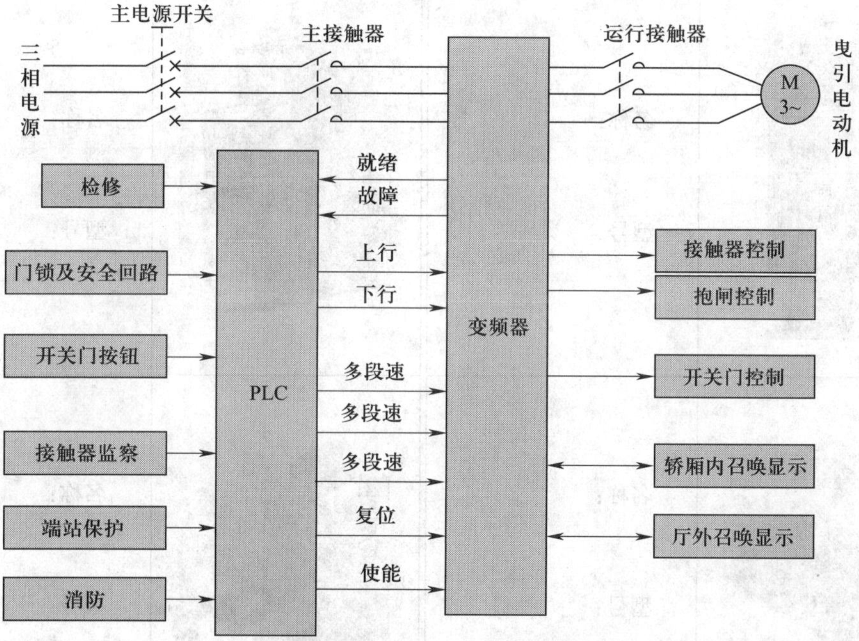

PLC 控制电梯整机电气系统组成方框图

2．根据实物模型图填写各元件或部件的名称及型号，并指出其在电气图纸中的位置。

各元件或部件的名称及型号

元件或部件	名称及型号	元件或部件	名称及型号
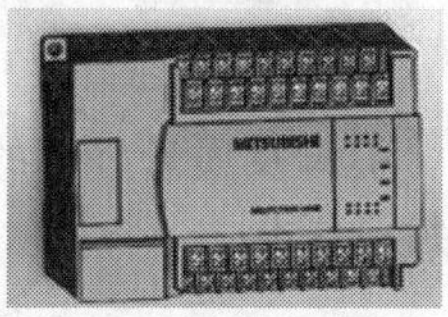	名称： 型号：	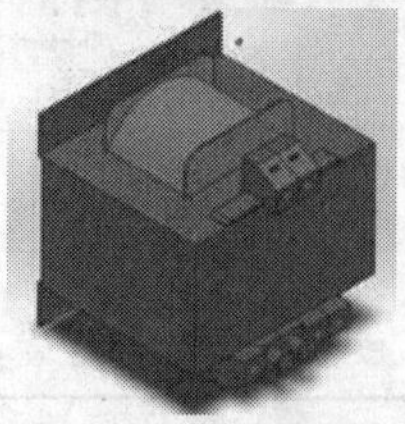	名称： 型号：

续表

元件或部件	名称及型号	元件或部件	名称及型号
	名称： 型号：	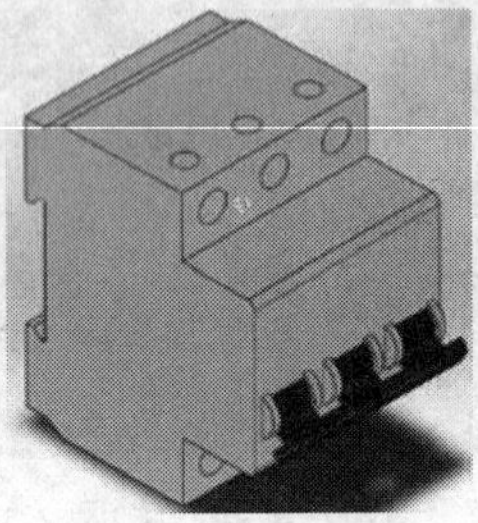	名称： 型号：
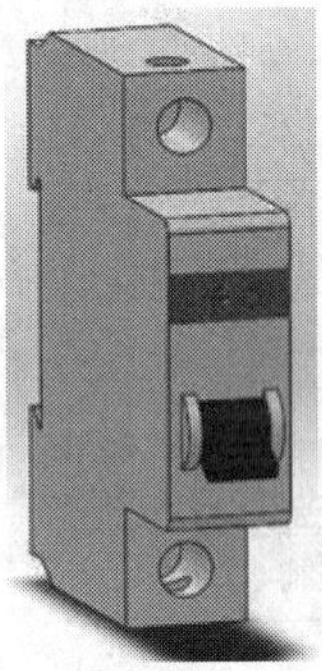	名称： 型号：	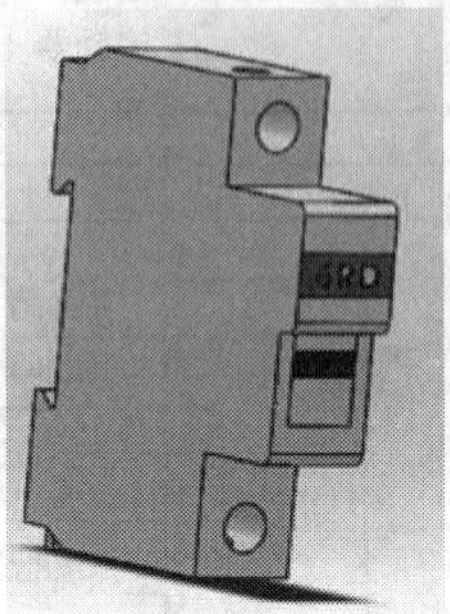	名称： 型号：
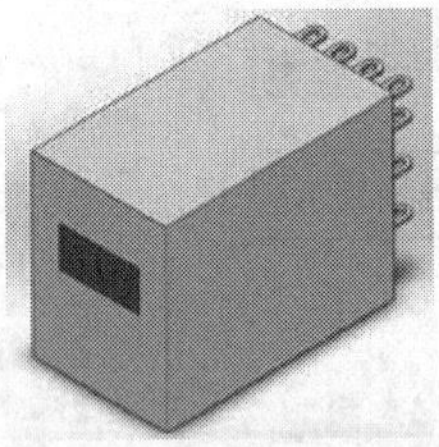	名称： 型号：	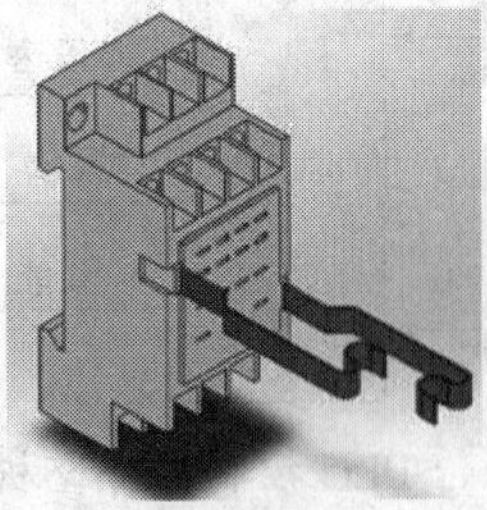	名称： 型号：
	名称： 型号：	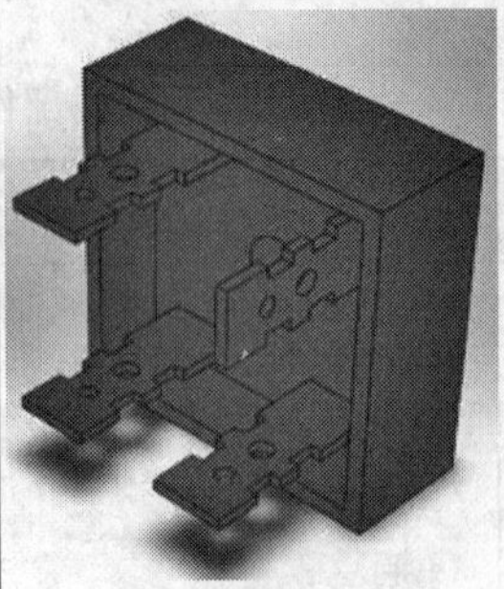	名称： 型号： 引脚及质量好坏的判别方式：

续表

元件或部件	名称及型号	元件或部件	名称及型号
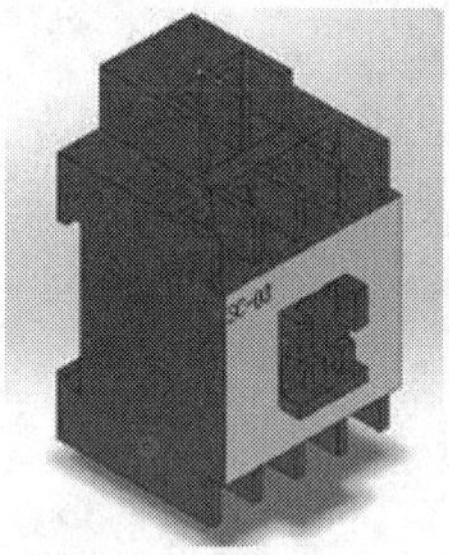	名称： 型号：	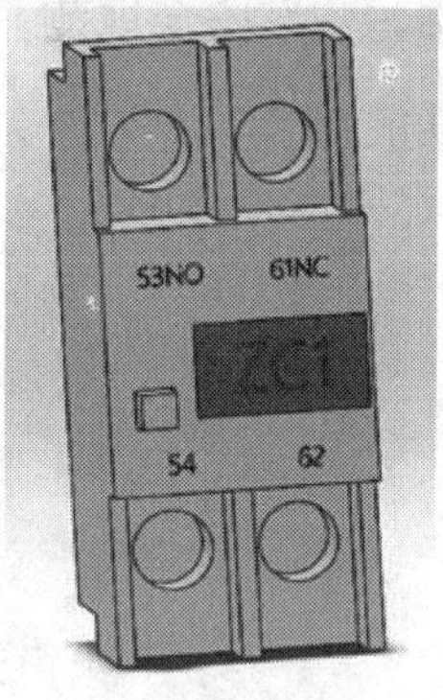	名称： 型号：
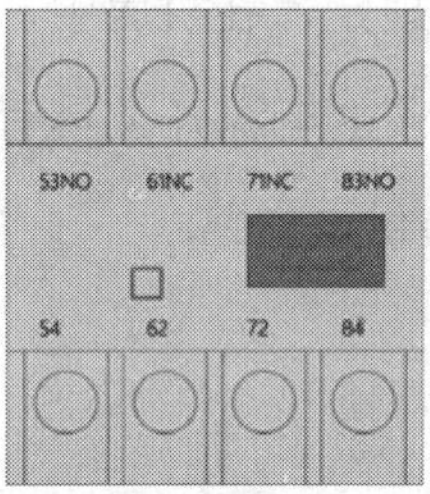	名称： 型号：	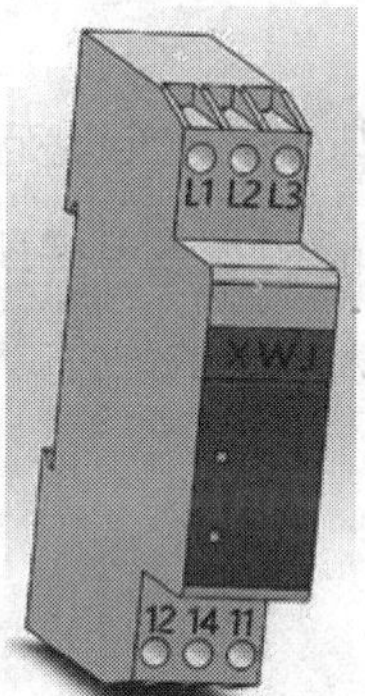	名称： 型号：
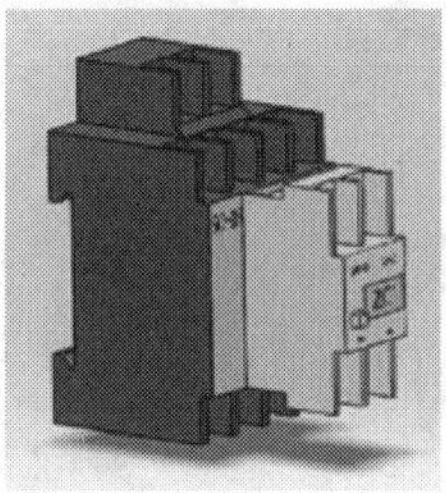	名称： 型号：	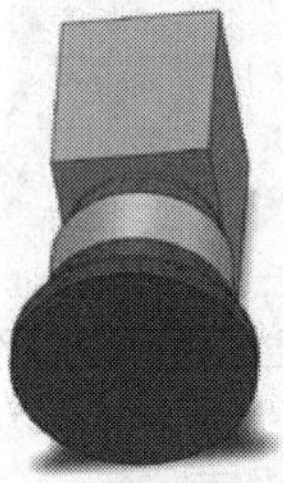	名称： 型号：
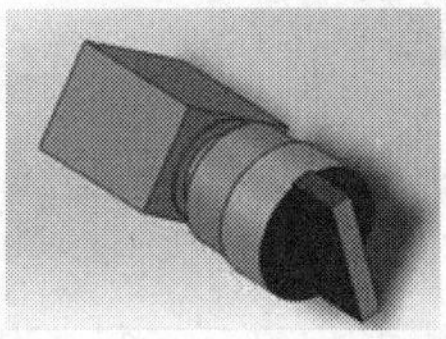	名称： 型号：	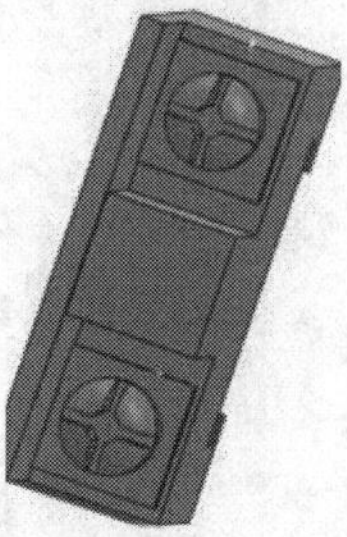	名称： 型号：

3．阅读相关标准，明确进行整机电气设备安装与调试时相应标准的要求，并回答下列问题。

（1）根据《电梯制造与安装安全规范》（GB 7588—2003）第 13 项规定，哪些设备应具备短路保护及过载保护功能？

（2）根据《电梯制造与安装安全规范》（GB 7588—2003）第 13 项规定，在机房中，每台电梯都应单独装设一只能切断该电梯所有供电电路的主电源开关。该主电源开关具有切断电梯正常使用情况下最大电流的能力，但该主电源开关不应切断哪些供电电路？

（3）电梯安全电路可能出现的故障有哪些？

（4）简述《电梯安装验收规范》（GB 10060—2011）第 5.1.5 项电气布线及安装的内容。

（5）根据《电梯工程施工质量验收规范》（GB 50310—2002）第 4.1 项电力驱动的曳引式或强制式电梯安装工程质量验收内容，简述设备进场验收的主控项目及一般项目。

四、填写 PLC 控制电梯整机电气设备安装与调试过程报告

根据相关资料填写 PLC 控制电梯整机电气设备安装与调试过程报告的封面和设备基本信息页。

合同编号： 工地名称： 工地地址： 电梯型号： 安装、调试负责人： 安装、调试人员： 开工日期：　　　　完工日期： 合格确认（此手册全部确认合格后填写此项） 安装监督：　　　　确认日期：

PLC 控制电梯整机电气设备安装与调试过程报告（封面）

电梯基本信息

额定载重：＿＿＿＿＿＿ 额定速度：＿＿＿＿＿＿ 电梯用途：＿＿＿＿＿＿

控制柜型号：＿＿＿＿＿＿＿＿＿＿ 驱动系统：＿＿＿＿＿＿＿＿＿＿

交流电压：＿＿＿＿＿＿ 相数：＿＿＿＿＿＿ 频率：＿＿＿＿＿＿

机房位置：上面（　　） 下面（　　） 旁边（　　） 无机房（　　）

对重位置：后对重（　　） 侧对重（　　）

曳引机型号：＿＿＿＿＿＿ 电源：＿＿＿＿＿＿ 电压：＿＿＿＿＿＿

转速：＿＿＿＿＿＿ 功率：＿＿＿＿＿＿ 曳引机电流：＿＿＿＿＿＿

主开关设置的最大电流：＿＿＿＿ 原理图号：＿＿＿＿＿＿

曳引绳数量：＿＿＿＿ 直径尺寸：＿＿＿＿＿＿

曳引比：1∶1（　　） 1∶2（　　） 2∶1（　　）

补偿链数量：＿＿＿＿ 类型（绳或链）：＿＿＿＿＿＿

提升高度：＿＿＿＿ 站数：＿＿＿＿ 层数：＿＿＿＿ 门数：＿＿＿＿

轿厢轨距：＿＿＿＿ 对重轨距：＿＿＿＿

导靴类型：滚动（　　） 滑动（　　） 混合（　　）

PLC 控制电梯整机电气设备安装与调试过程报告（设备基本信息页）

学习活动 2　施工前的准备

学习目标

1. 熟悉 PLC 控制电梯整机电气设备各部件的安装要求。

2. 能通过现场勘察，了解实际施工情况。

3. 能进行安全技术交底、设立施工通告牌等开工前的准备工作。

建议学时　6 学时

学习过程

一、引导问题

查阅相关国家标准及相关资料，回答下列问题。

1. 国家标准中对控制柜安装位置有哪些要求？

2．PLC 控制电梯电源回路都有哪些元件？需要的电源电压有哪些等级？

3．指出下图中各电气部件、安全开关的位置，简述其安装方法和线缆的敷设方法。

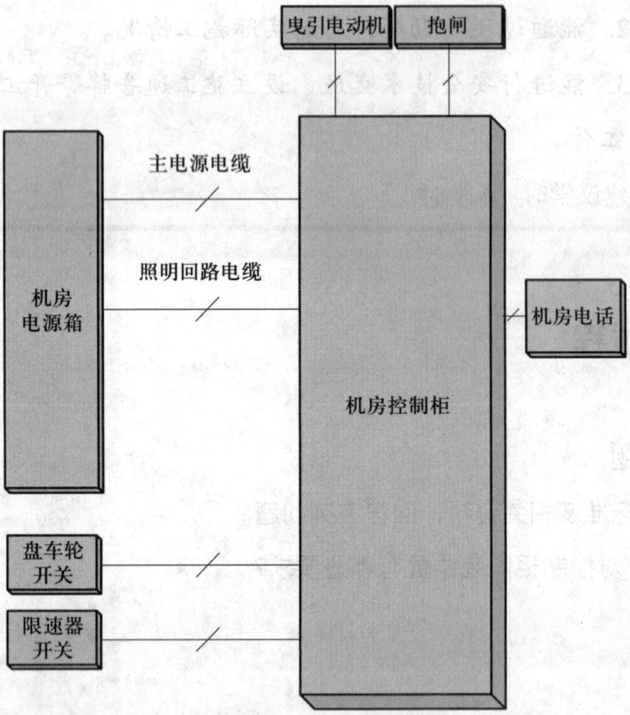

电梯主要电气部件及安全开关连接示意图

4．PLC 控制电梯电气系统安全回路和门锁回路由哪些元器件组成？

5．电梯井道底坑中有哪些电气元器件？

6．查阅相关标准，完成下面空白部分的填写。

（1）电梯的供电电源要求______（独立、可与其他电源共用）。

（2）电梯的供电电源是____相____线制，且电源的波动范围不应超过____%。

（3）每台电梯都应装设单独的隔离电器和保护装置。（是□　否□）

（4）当电梯电路中出现短路、过载和欠电压时，电梯电源设备应能自动切断电源。（正确□　错误□）

（5）动力线和控制线应分开敷设。（正确□　错误□）

（6）接地线外皮颜色必须使用________色。

（7）旋转编码器线应用独立的金属软管敷设或采用有________层的电缆线。

（8）主电源开关不应切断的供电电路有________（多选）。

A．轿厢照明和通风　　B．机房照明

C．机房、轿顶和底坑的电源插座　　D．井道照明

E．报警装置

（9）电源箱的安装位置应在机房门口附近，距地面高度为________m。

（10）线管、线槽敷设应平整、牢固，线槽内导线的总截面积不应大于线槽净截面积的________%，线管内导线的总截面积不应大于线管内净截面积的________%。

二、现场勘察

现场勘察施工条件，填写电梯安装进场施工条件勘察记录表。

电梯安装进场施工条件勘察记录表

项目名称		项目地址	
合同编号		甲方代表及联系方式	
电梯型号		安装队联系人	
安装形式	大包□ 买断□ 派工□		

主控项目（以下条件必须满足，方可进场施工）

项目	记录
现场机房、井道结构及布置是否符合电梯布置图要求	是□ 否□
主电源开关是否符合下列规定： 1. 主电源开关应能切断电梯正常使用情况下的最大电流 2. 对有机房的电梯，主电源开关应能从机房入口处方便地接近 3. 对无机房的电梯，主电源开关应设置在井道外工作人员方便接近的地方，且应具备必要的安全防护	是□ 否□
井道是否符合《电梯工程施工质量验收规范》（GB 50310—2002）第 4.2 项土建交接主控项目的要求	是□ 否□

一般项目

项目	记录	项目	记录
牛腿情况		机房布置图及位置	
底坑环境		井道内有无凸出梁	
安装电源情况		井道内有无凸出钢筋	
有无现场货物存储区域及工具仓库		有无卸货通道、卸货空间	
层门入口是否有其他物品		井道内是否有钢管或其他物件	
是否符合《电梯工程施工质量验收规范》（GB 50310—2002）第 4.2 项土建交接一般项目的要求	是□ 否□		
电梯能否开工	能□ 不能□		

影响发货问题摘要：

项目负责人意见：

该项目上述安装梯共计　　台，电梯预计在　　年　　月　　日发货，请安排安装组长或项目经理去现场进行电梯（扶梯）土建情况勘察，如实填写电梯安装进场施工条件勘察记录表，若需整改请与用户或总包方确认土建整改进度及完工日期并签字确认，确定发货的电梯符合整改的土建情况

将电梯安装进场施工条件勘察记录表按实际情况填写完成后，于　　年　　月　　日前传至公司安装管理部，若因勘察人没有到现场勘察而虚报符合发货情况导致发货后电梯不能安装、延误工期，其责任由勘察人所属安装公司（安装队）负责，承担相关损失。收到本通知单后须当日签字确认后立即传回公司

三、设置施工通告牌及进行安全技术交底

1．设置施工通告牌

根据工地的基本信息、安全培训等内容，设计施工通告牌，样例如下图所示，张贴施工通告及相关安全标志。

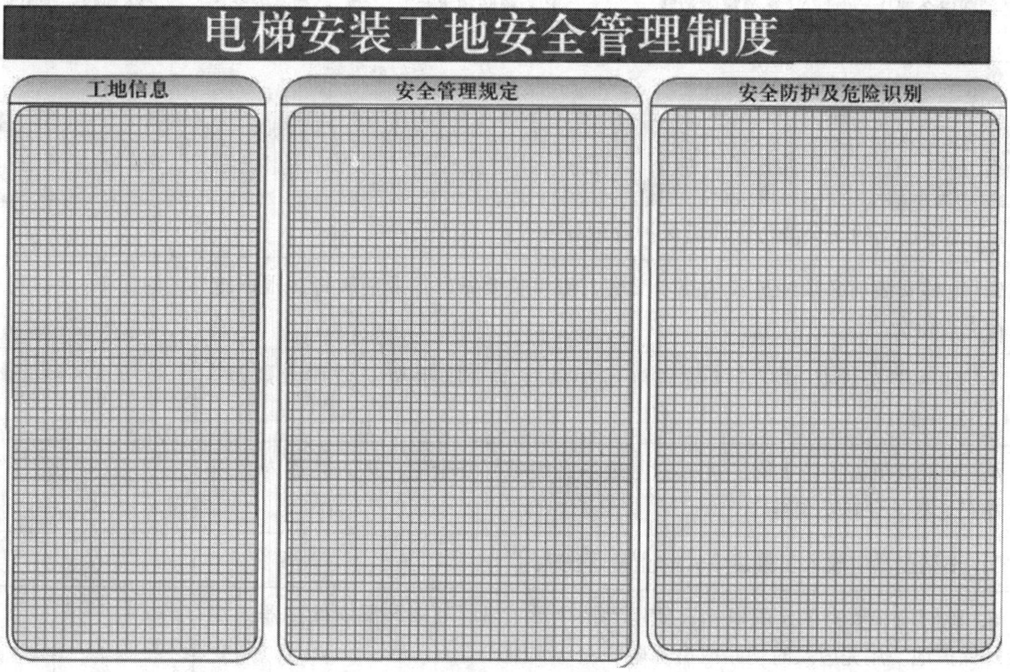

施工通告牌

2．进行安全技术交底

安装作业开始前，由班组长及组员共同进行安全技术交底。

安全技术交底

工程名称：

工地负责人：　　　　　　　　　　　　　　　　填表人：

安全注意事项：

当心触电

当心坠落

当心吊物

当心落物

续表

必须戴安全帽　必须穿防护鞋　必须戴防护手套　必须系安全带　必须戴防护眼镜

交底记录

技术交底内容	交底人	被交底人
1. 遵守现场的安全消防、环境保护管理制度		
2. 电梯安装前必须经过安全技术交底，班组长要做好作业前教育，根据施工特点进行交底		
3. 脚手架搭设必须符合《建筑施工扣件式钢管脚手架安全技术规范》（JGJ 130—2011）		
4. 施工人员需持证上岗，进入施工现场必须戴好安全帽，进入井道内必须系好安全绳、穿好安全鞋		
5. 小型工具应放入工具袋中，防止坠落伤人		
6. 临时电源要有固定配电箱，使用手持电动工具时要安装漏电保护器，并接好保护地。用完应及时切断或拆除电源		
7. 在井道内进行电焊、气割操作要开具合格、有效的动火证。工作中注意规范操作，完成后清理现场，经检查确认后方可离开		
8. 施工过程中的吊具、绳索在使用前要仔细检查，确认完好、可靠		
9. 施工过程中的易燃、易爆品应妥善保管，远离火源，并配备一定数量的消防器材		
10. 不允许在脚手架上交叉作业		
11. 安装层门不允许单人操作，以防层门倾倒伤人		
12. 拆除脚手架后，试车前，每层的层门均应关闭		
13. 试车运行前必须首先检查井道上下是否有阻碍之处、抱闸制动器是否灵活可靠，正确使用抱闸扳手，以防电梯溜车时来不及停止		
14. 进入井道安装前，必须在电梯口设置防护栏，安装时注意及时复位		
15. 电梯井道门口要张贴醒目的“井道内有人作业，严禁往井道内扔杂物”“电梯作业，危险勿近”标志		

学习活动 3　制订工作计划

学习目标

1. 能根据 PLC 控制电梯整机电气设备安装与调试任务书制订工作计划，包括人员组织、时间组织、技术组织等。

2. 能根据 PLC 控制电梯整机电气设备原理图编制接线表，绘制接线图。

建议学时　12 学时

学习过程

一、制订工作计划

根据 PLC 控制电梯整机电气设备安装与调试工作计划编制说明，制订工作计划。

PLC 控制电梯整机电气设备安装与调试工作计划编制说明

PLC 控制电梯整机电气设备安装与调试工作计划表

项目名称			
人员组织方案			
组长		安全负责人	
安装组成员			
成员分工			

续表

时间组织方案
设计甘特图并于工地张贴：

工具、材料、设备、仪表清单

序号	名称	规格	数量	备注
1	工作服			
2	安全帽			
3	安全绳			
4	安全鞋			
5	万用表			
6	验电笔			
7	旋具（一字）			
8	旋具（十字）			
9	剥线钳			
10	尖嘴钳			
11	压线钳			
12	电工刀			
13	绝缘电阻测量仪			
14	尼龙绑扎带			
15	导线			
16	导线压接端子			
17	手电筒			
18	电线编码管			
19				
20				
21				

续表

技术组织方案
1．安全注意事项   2．安装、调试流程图

二、编制接线表

接线表在电气系统安装过程中非常重要，接线表反映了每一条导线的来源和去向，对截取线缆长度、制作线标及接线工作的实施都具有参考价值。根据安装图纸及现场勘察结果，填写 PLC 控制电梯整机电气设备安装接线表。

PLC 控制电梯整机电气设备安装接线表

<table>
<tr><th colspan="7">轿厢检修部分</th></tr>
<tr><th rowspan="2">序号</th><th colspan="2">从</th><th colspan="2">到</th><th rowspan="2">线缆长度</th><th rowspan="2">原理图页码</th></tr>
<tr><th>部件名称</th><th>位置</th><th>部件名称</th><th>位置</th></tr>
<tr><td>1</td><td>INST 检修转换开关</td><td></td><td>接线排</td><td></td><td></td><td rowspan="6"></td></tr>
<tr><td>2</td><td>INST 检修转换开关</td><td></td><td>接线排</td><td></td><td></td></tr>
<tr><td>3</td><td>INST 检修转换开关</td><td></td><td>检修上行按钮（红）</td><td></td><td></td></tr>
<tr><td>4</td><td>检修上行按钮（红）</td><td></td><td>检修下行按钮（绿）</td><td></td><td></td></tr>
<tr><td>5</td><td>检修上行按钮（红）</td><td></td><td rowspan="2">接线排</td><td></td><td></td></tr>
<tr><td>6</td><td>检修下行按钮（绿）</td><td></td><td></td><td></td></tr>
</table>

续表

轿厢按钮部分

序号	从		到		线缆长度	原理图页码
	部件名称	位置	部件名称	位置		
1	1JD　1层内呼　灯 -					
2	1JD　1层内呼　灯 +					
3	1A　1层内呼按钮1端子					
4	1A　1层内呼按钮2端子					
5	2JD　2层内呼　灯 -					
6	2JD　2层内呼　灯 +					
7	2A　2层内呼按钮1端子					
8	2A　2层内呼按钮2端子					
9	3JD　3层内呼　灯 -					
10	3JD　3层内呼　灯 +					
11	3A　3层内呼按钮1端子					
12	3A　3层内呼按钮2端子					
13	4JD　4层内呼　灯 -					
14	4JD　4层内呼　灯 +					
15	4A　4层内呼按钮1端子					
16	4A　4层内呼按钮2端子					
17	开门按钮　灯 -					
18	开门按钮　灯 +					
19	开门按钮　按钮1端子					
20	开门按钮　按钮2端子					
21	关门按钮　灯 -					
22	关门按钮　灯 +					
23	关门按钮　按钮1端子					
24	关门按钮　按钮2端子					
25	CZL　超载蜂鸣器					
26	CZL　超载蜂鸣器					

续表

外召按钮部分						
序号	从		到		线缆长度	原理图页码
	部件名称	位置	部件名称	位置		
1	1层　上召 DS1　灯 –					
2	1层　上召 DS1　灯 +					
3	1层　上召 S1　按钮 1 端子					
4	1层　上召 S1　按钮 2 端子					
5	2层　上召 DS2　灯 –					
6	2层　上召 DS2　灯 +					
7	2层　上召 S2　按钮 1 端子					
8	2层　上召 S2　按钮 2 端子					
9	2层　下召 DX2　灯 –					
10	2层　下召 DX2　灯 +					
11	2层　下召 X2　按钮 1 端子		接线排			
12	2层　下召 X2　按钮 2 端子					
13	3层　上召 DS3　灯 –					
14	3层　上召 DS3　灯 +					
15	3层　上召 S3　按钮 1 端子					
16	3层　上召 S3　按钮 2 端子					
17	3层　下召 DX3　灯 –					
18	3层　下召 DX3　灯 +					
19	3层　下召 X3　按钮 1 端子					
20	3层　下召 X3　按钮 2 端子					
21	4层　下召 DX4　灯 –					

续表

序号	从		到		线缆长度	原理图页码
	部件名称	位置	部件名称	位置		
22	4层 下召 DX4 灯 +					
23	4层 下召 X4 按钮 1 端子					
24	4层 下召 X4 按钮 2 端子					
25	PAK 锁梯开关					
26	IB 消防开关					
27	PAK 锁梯开关					
28	IB 消防开关					

主回路部分

序号	从		到		线缆长度	原理图页码
	部件名称	位置	部件名称	位置		
1	曳引机					
2						
3						
4						
5	PLC					
6						
7						
8						
9						
10						
11						
12						
13						
14						
15						
16						
17						
18						
19						
20						

续表

序号	从		到		线缆长度	原理图页码
	部件名称	位置	部件名称	位置		
21	PLC					
22						
23						
24						
25						
26						
27						
28						
29						
30						
31						
32						
33						
34						
35						
36						
37						
38						
39						
40						
41						
42	变频器					
43						
44						
45						
46						
47						
48						
49						

续表

序号	从		到		线缆长度	原理图页码
	部件名称	位置	部件名称	位置		
50	变频器					
51						
52						
53						
54						
55						
56						
57						
58						
59						
60						
61						
62						

其他部分

序号	从		到		线缆长度	原理图页码
	部件名称	位置	部件名称	位置		

三、绘制接线图

绘制 PLC 控制电梯整机电气设备接线图。

接线练习

学习活动 4　安 装 实 施

学习目标

1. 能规范安装 PLC 控制电梯机房电气设备。
2. 能规范安装 PLC 控制电梯轿厢电气设备。
3. 能规范安装 PLC 控制电梯层站电气设备。
4. 能规范安装 PLC 控制电梯井道电气设备。
5. 能按照规范填写电梯安装过程报告。

建议学时　30 学时

学习过程

一、PLC 控制电梯机房电气设备安装

1．引导问题

（1）将下表中控制柜内主要电气元件的功能补充完整。

控制柜内主要电气元件及其功能

电气元件	功能
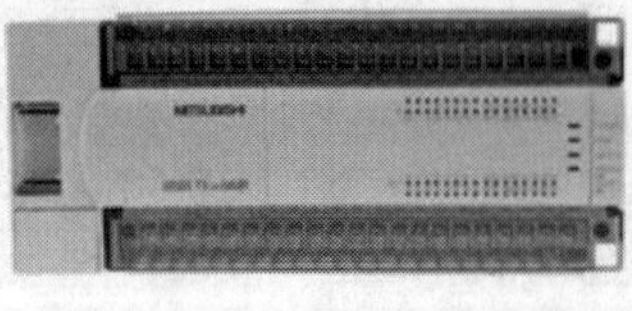 PLC	PLC 是电梯的“大脑”，通过用软件编写程序，使控制器按照用户的要求实现对设备的参数监测、数据处理、实时控制、数据传输及保护等功能

续表

电气元件	功能
 机房检修盒	
 变频器	由整流（交流变直流）、滤波、逆变（直流变交流）、制动单元、驱动单元、检测单元和微处理单元等组成；依靠内部 IGBT 的通断来调整输出电源的电压和频率；根据电动机的实际需要提供其所需的电源电压，进而达到节能、调速的目的
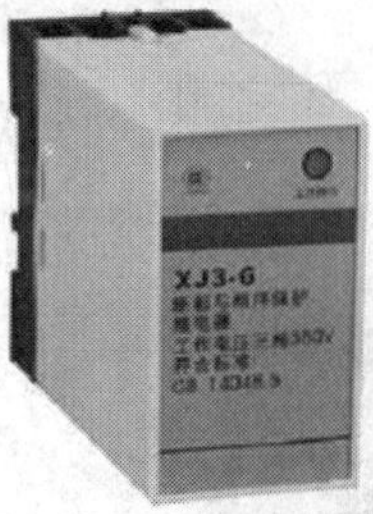 相序继电器	

（2）简述打标机的操作方法。

打标机

（3）简述线束制作及安装的工艺要求。

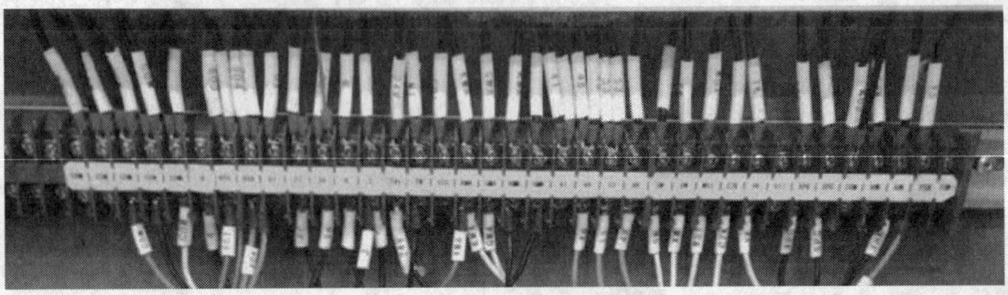

线束

（4）简述各回路断路器的容量要求。

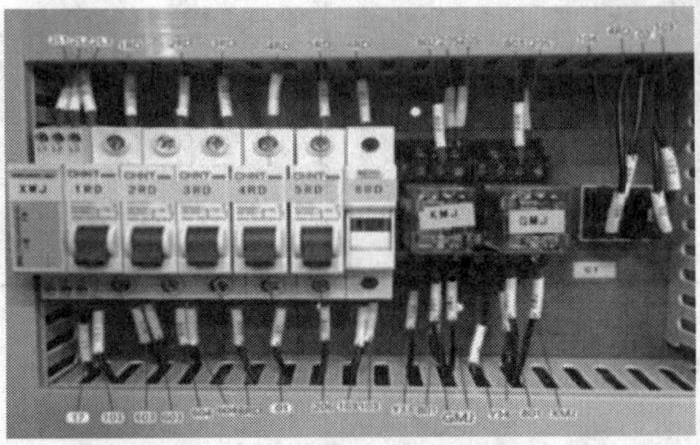

回路断路器

2．安装 PLC 控制电梯机房电气设备

按照工序和安装工艺，完成机房电气设备安装，并填写安装过程报告。

电梯安装过程报告——机房电气设备安装部分

填表人：
工地负责人：
检查人：
检查日期：

安全注意事项：

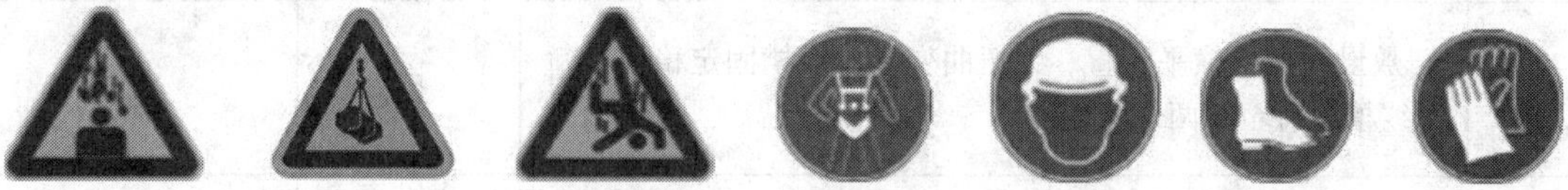

工序记录表

序号	步骤（完成打“√”）	序号	步骤（完成打“√”）
1	制作线标　□	5	进行控制柜定位及底座安装　□
2	制作导线连接头　□	6	安装从电源箱到控制柜的线槽并布线　□
3	固定电源箱　□	7	安装从控制柜到曳引机的线槽并布线　□
4	进行电源箱接线　□	8	安装控制柜内部接线　□

安装工艺检查表

序号	内容及评价标准	自检是否合格（合格打“√”）	互检或教师检查问题记录
1	（1）线束制作流程：裁线、切管、号码印字、剥外皮、末端处理、剥内皮、压端子、锡焊（必要时）、插入连接、组线等	□	
	（2）线束制作完成后按参考流程进行自检	□	
	（3）各元器件、元器件的端子及导线两端均设有标识且标识清楚、辨认方便。电子插接件应固定牢靠，表面无积尘、无异味	□	

续表

序号	内容及评价标准	自检是否合格（合格打“√”）	互检或教师检查问题记录
1	（4）所有连接导线中间不应有接头，每个电气元件的接点最多允许接两根导线，每个端子的接点一般不宜接两根导线，必要时，需可靠连接	□	
	（5）导线接头无金属外露	□	
2	敷设线槽应横平竖直、无扭曲变形，线槽固定稳固，每个线槽应有至少两个固定点	□	
3	线槽内壁无毛刺；线槽与线槽之间的接口严密、平整；线槽盖板平整、无翘角，易于开启	□	
4	出入线管或线槽的导线有保护措施	□	
5	电源箱在机房门口附近，方便接近，距机房地面 1.3 ~ 1.5 m，操作方便	□	
6	主电源开关整定容量稍大于所有电路的总容量并具有切断电梯正常使用情况下最大电流的能力。同时，主电源开关不应切断以下供电：轿厢照明和通风，机房照明，机房、轿顶和底坑的电源插座，井道照明，报警装置	□	
7	电梯动力线路与控制线路分开敷设，或控制线路采取屏蔽措施	□	
8	电气设备的金属外壳均设有易于识别的接地端，且接地良好。接地线采用黄绿色绝缘线分别直接接至接地端，不应相互串接后接地	□	
9	控制柜的安装应布局合理、固定牢靠，其垂直偏差应不大于 1.5‰。控制柜尽量远离门窗，维修侧与墙壁距离不小于 600 mm，封闭侧与墙壁距离不小于 50 mm。控制柜与机械设备距离应不小于 500 mm，并用螺栓固定于型钢或混凝土基础上，基础应高出地面 50 ~ 100 mm	□	

二、PLC 控制电梯轿厢电气设备安装

1．引导问题

（1）在下图椭圆框内标出轿厢电气设备的名称。

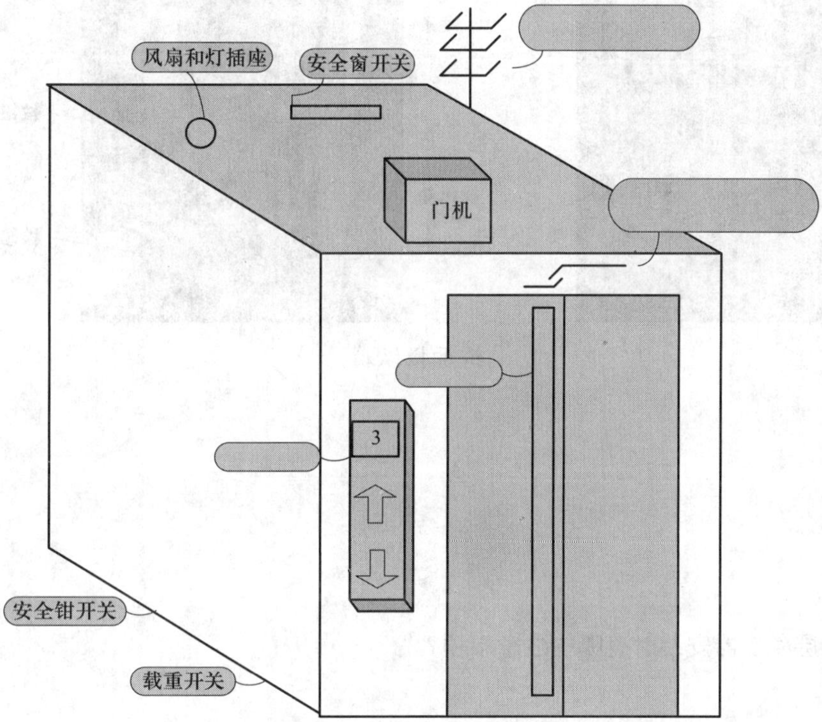

轿厢电气设备布置图

（2）轿顶检修盒内包含哪些元器件？安装时有哪些注意事项？

（3）轿厢操纵箱包含哪些控制装置？安装时有哪些注意事项？

轿厢操纵箱

（4）平层感应器安装时有哪些注意事项？

（5）光幕安装时有哪些注意事项？

2．安装 PLC 控制电梯轿厢电气设备

按照工序和安装工艺，完成轿厢电气设备安装，并填写安装过程报告。

电梯安装过程报告——轿厢电气设备部分

填表人：
工地负责人：
检查人：
检查日期：

安全注意事项：

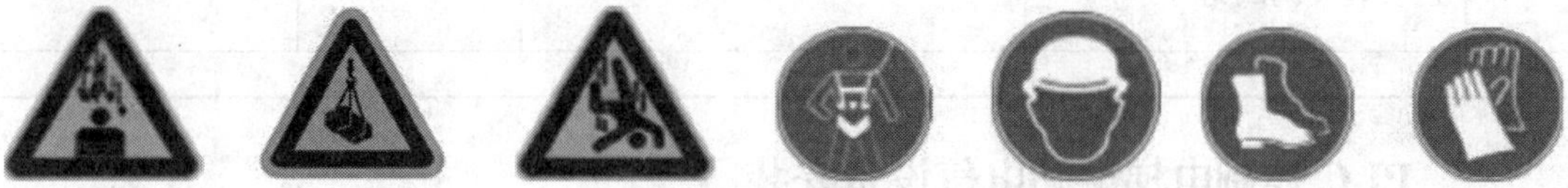

工序记录表

序号	步骤（完成打“√”）	序号	步骤（完成打“√”）
1	安装轿顶接线盒 □	4	安装轿厢操纵箱并接线 □
2	连接接线盒线路 □	5	安装平层感应器并接线 □
3	安装轿厢照明及风扇 □	6	安装门机并接线 □

安装工艺检查表

序号	内容及评价标准	自检是否合格（合格打“√”）	互检或教师检查问题记录
1	（1）将轿顶接线盒用螺栓紧固在轿架上 （2）将随行电缆一端穿过过线孔，按线号与轿顶接线盒上的端子连接。随行电缆另一端与井道接线盒按线号连接	□	
2	（1）安装操纵箱面板时不能用力拉电缆，以免造成端子损坏或接触不良 （2）操纵箱应横平竖直，面板应盖平 （3）面板上的按钮及操纵箱内的开关应灵活可靠，不应有阻塞现象	□	
3	（1）平层感应器装置配线应连接牢固、接触良好，绑扎整齐、美观 （2）绝缘可靠 （3）平层装置表面干净，无尘、无油渍 （4）平层装置与感应器的间距应保持在 5 ~ 8 mm	□	

续表

序号	内容及评价标准	自检是否合格（合格打“√”）	互检或教师检查问题记录
4	（1）将门机安装在框架上，然后安装轿门，固定光幕 注：此部分属于机械安装，此处检查即可 （2）将门机电缆未连接的一端按线号与控制柜内相应线号的端子连接 注：门机在出厂时门电动机、开关、轿门锁等电气元件已安装、调试完毕	□	

三、PLC 控制电梯层站电气设备安装

1．引导问题

（1）PLC 控制电梯呼梯盒内包含哪些元件？

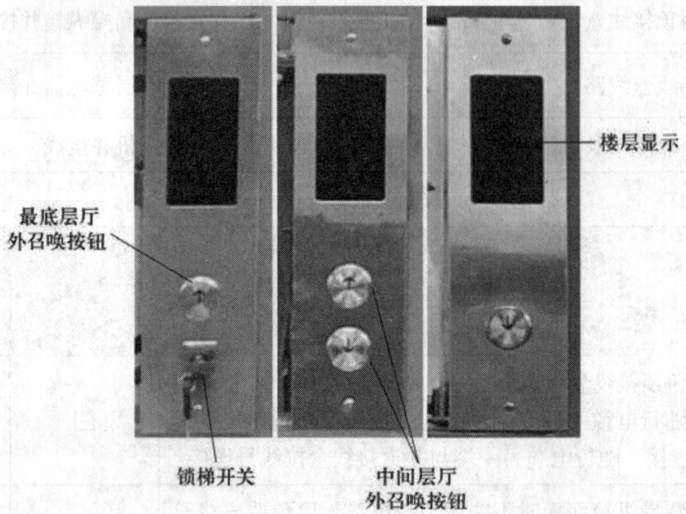

PLC 控制电梯呼梯盒

（2）呼梯盒安装时有哪些注意事项？

2．安装 PLC 控制电梯层站电气设备

按照工序和安装工艺，完成层站电气设备安装，并填写安装过程报告。

电梯安装过程报告——层站电气设备部分

填表人：
工地负责人：
检查人：
检查日期：

安全注意事项：

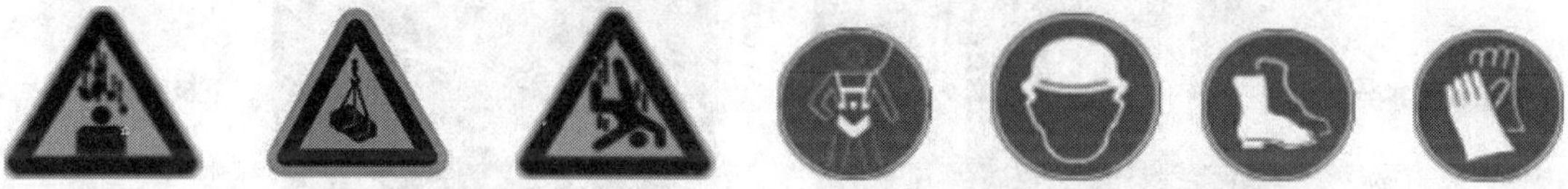

工序记录表

序号	步骤（完成打“√”）	序号	步骤（完成打“√”）
1	安装 1 楼层厅外呼梯盒　□	3	安装 3 楼层厅外呼梯盒　□
2	安装 2 楼层厅外呼梯盒　□	4	安装 4 楼层厅外呼梯盒　□

安装工艺检查表

序号	内容及评价标准	自检是否合格（合格打“√”）	互检或教师检查问题记录
1	呼梯盒安装位置高度为 1 200 ～ 1 400 mm	□	
2	呼梯盒边与层门的距离为 0.2 ～ 0.3 m	□	
3	呼梯盒安装垂直度偏差不大于 3/1 000	□	
4	指示灯盒安装应横平竖直，与门中心偏差≤ 5 mm	□	
5	各召唤按钮、层楼指示数码管、消防开关等插接件接触良好，无露铜等现象	□	
6	导线或电缆按类型正确绑扎	□	

四、PLC 控制电梯井道电气设备安装

1. 引导问题

（1）PLC 控制电梯井道内的主要电气设备有哪些?

（2）PLC 控制电梯如何进行限位开关检查?

限位、极限与强迫减速开关

（3）PLC 控制电梯如何进行极限开关检查?

（4）查阅相关资料，完成下面空白部分的填写。

1）终端限位保护装置是在测量好的位置安装，用角钢做支架，安装在导轨的________（背面、正面）。角钢伸出导轨的长度一般不大于________mm。将________、________、________开关用螺栓固定在角钢的端部，并使其垂直。

2）强迫减速开关是防止电梯失控造成冲顶或蹲底的第一道防线，其调节高度以____为准。

3）限位开关是防止电梯失控造成冲顶或蹲底的第二道防线，由上、下两个开关组成，分别装在强迫减速开关上、下方。当轿厢地坎超越上、下端站地坎________mm，而强迫减速开关未能使电梯轿厢减速停车时，上、下限位开关动作，切断________________，此时，电梯只能应答反方向召唤，并仅能反方向运行。

4）极限开关是防止电梯失控造成冲顶或蹲底的第三道防线。当极限开关动作时将________________________，迫使电梯立即停止运行。一般在轿厢越过平层位置________mm 时起作用。

5）由底坑向上________m 起至井道顶端安装的照明灯具，每两个灯之间的间隔最大不应超过________m，并且井道顶部________m 内应设置一盏照明灯具。井道照明电压应采用________V 安全电压。井道照明开关设置在________和________，并能单独控制。各灯具外壳要求可靠接地。

6）急停开关必须是________态开关，并且非自动复位。

2．安装 PLC 控制电梯井道电气设备

按照工序和安装工艺，完成井道电气设备安装，并填写安装过程报告。

电梯安装过程报告——井道电气设备部分

填表人：

工地负责人：

检查人：

检查日期：

安全注意事项：

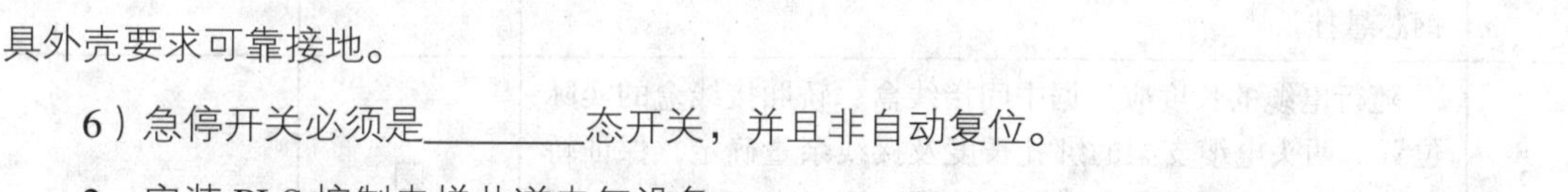

续表

工序记录表

序号	步骤（完成打“√”）	序号	步骤（完成打“√”）
1	安装总线盒 □	8	连接终端保护开关线路 □
2	安装主线槽和分线槽 □	9	安装紧固线槽盖 □
3	安装从井道中线盒引出的随行电缆至轿顶，确认轿底挂线架固定 □	10	安装检修盒 □
4	调整随行电缆长度 □	11	进行照明灯、开关和插座接线 □
5	安装线槽接地线 □	12	进行张紧轮开关接线 □
6	连接控制柜到门锁的线路 □	13	进行缓冲器开关接线 □
7	敷设连接到呼梯盒的线路 □		

安装工艺检查表

序号	内容及评价标准	自检是否合格（合格打“√”）	互检或教师检查问题记录
1	电缆有字的一面朝外侧，8 芯扁平电缆弯曲半径不小于 500 mm，16 ~ 24 芯扁平电缆应不小于 800 mm，或不小于圆电缆直径的 33 倍。提升高度大于 60 m 的电梯应进行抽钢芯悬挂	□	
2	随行电缆的长度应根据中间接线盒、轿厢接线盒的实际位置，两头电缆支架的绑扎长度及接线余量确定，保证轿厢蹲底或冲顶时随行电缆不会拉紧，同时在正常运行时不蹭轿厢和地面	□	
3	轿底电缆架与井道电缆架安装方向一致，当电缆位于井道底部时能避开缓冲器且保持不小于 200 mm 的距离	□	
4	井道线槽敷设应平整，无扭曲、变形，内侧无毛刺。安装后水平度及垂直度误差在 4% 以内，且全长偏差在 20 mm 以内 线槽内导线的总截面积不大于线槽净截面积的 60%，线管内导线的总截面积不大于线管净截面积的 40%	□	
5	电缆安装后不应有打结和扭曲现象，多根电缆安装后应长度一致，避免电缆受力不均匀	□	
6	各端站开关安装牢固，不允许焊接固定。安装完成后进行调整，使碰轮与碰铁可靠接触，开关触点动作可靠，要求碰轮沿碰铁全长移动不应有卡阻，且碰轮略有压缩余量，当碰铁脱离碰轮后开关应能立即可靠恢复	□	

续表

序号	内容及评价标准	自检是否合格（合格打“√”）	互检或教师检查问题记录
7	磁铁一般安装在轿厢侧面，无扭曲、变形，表面光滑，安装完成后调整垂直偏差不应大于长度的 1/1 000，除斜面外，最大偏差不大于 3 mm	□	
8	上、下强迫减速开关应动作灵活，功能正确、可靠	□	
9	上、下限位开关应在极限开关动作前动作且功能正确、可靠	□	
10	极限开关应在碰撞缓冲器之前动作且功能正确、可靠	□	
11	线槽的金属外壳有良好的保护接地。线管、线槽、接线盒处的跨接地线必须紧密、牢固，无遗漏	□	

学习活动5 调 试 实 施

学习目标

1. 能对PLC控制电梯整机电气设备常见故障进行排除。
2. 能实施PLC控制电梯通电前的电气检查。
3. 能实施PLC控制电梯通电前的绝缘检查。
4. 能实施PLC控制电梯通电前的接地检查。
5. 能实施PLC控制电梯电压符合性检查。
6. 能实施PLC控制电梯慢车运行调试。
7. 能实施PLC控制电梯井道自学习及快车运行调试。
8. 能按照规范填写电梯调试过程报告。
9. 能按行业标准对PLC控制电梯安装调试结果进行自检。

建议学时 52学时

学习过程

一、PLC控制电梯整机电气设备故障排除

1．电气设备故障排除常用方法回顾

回顾电气设备故障排除的常用方法，如观察法、电阻法、分区分段电压法、隔离法、替代法、短接法等，小组之间进行排故方法描述和举例，并回答下列问题。

（1）举例说明什么是电阻法。

（2）举例说明什么是分区分段电压法。

（3）举例说明什么是替代法。

（4）举例说明什么是隔离法。

（5）举例说明什么是短接法。

2．PLC 控制电梯整机电气设备故障排除

在 PLC 控制电梯整机电气设备调试过程中经常会遇到一些故障需要排除，常见故障有死机类故障、定向类故障、开关门类故障、运行类故障、检修及显示类故障等。观察故障现象、分析故障原因、确定故障范围和故障点、进行故障排除是 PLC 控制电梯整机电气设备调试必须具备的技能。根据下列表格所列各类故障进行排故练习。

PLC 控制电梯
排故图纸

死机类故障排除[①]

现象：接触器 C1 不吸合，相应 PLC 输入端指示灯不亮，无输入信号

接触器 C1（正常状态）

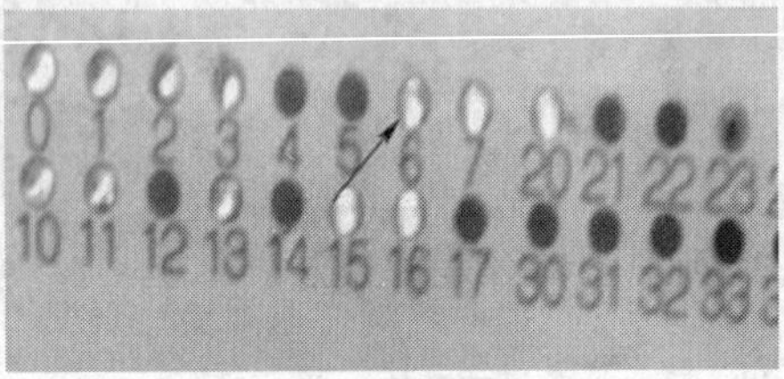

PLC 输入端指示灯（正常状态）

接触器 C1（死机状态）

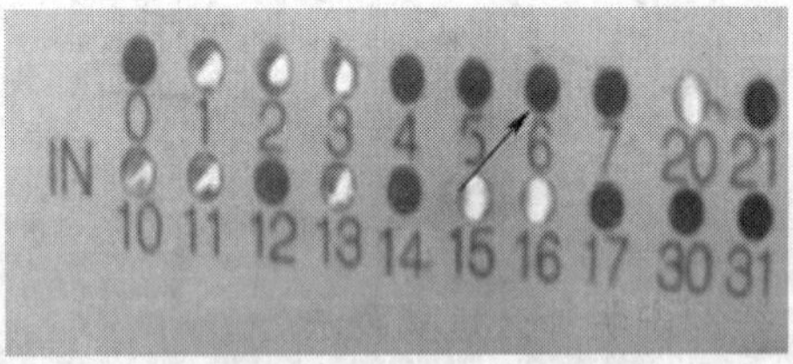

PLC 输入端指示灯（死机状态）

分析：出现死机类故障的原因可以从备妥接触器 C1 线圈回路、安全继电器 SFJ 线圈回路、监察回路或 PLC 公共端是否接通等进行分析判断

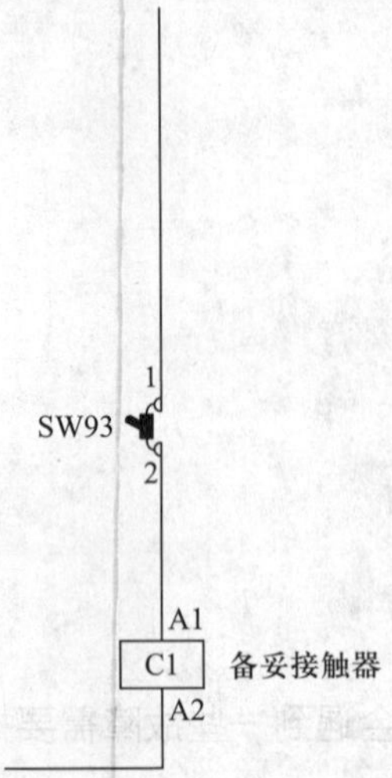

PLC 控制电梯备妥接触器原理图

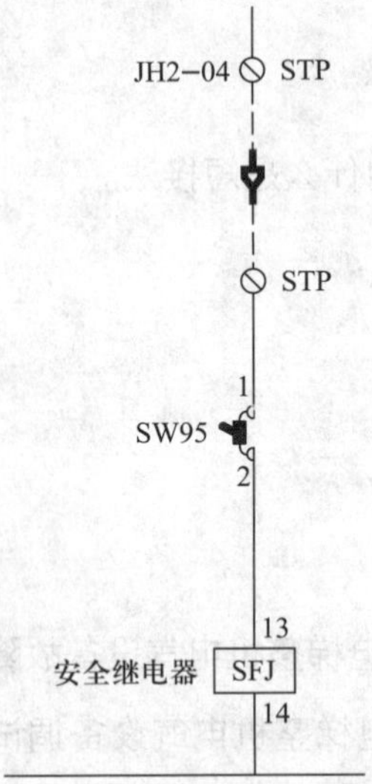

PLC 控制电梯安全继电器原理图

① 为了与实际工作对接，本书所引用的电路图均为企业产品原图，与标准电路图有区别。

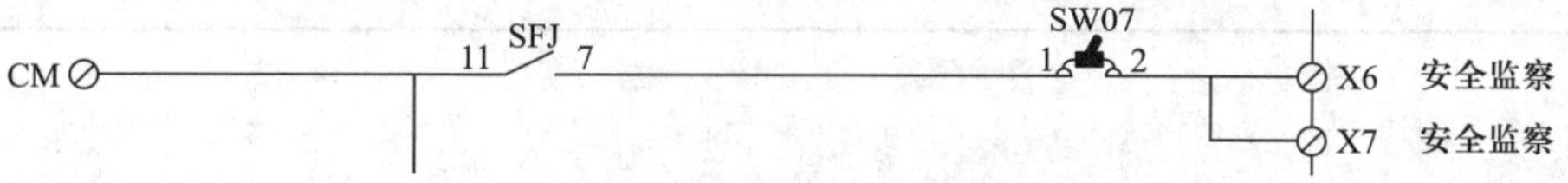

PLC 控制电梯安全监察原理图

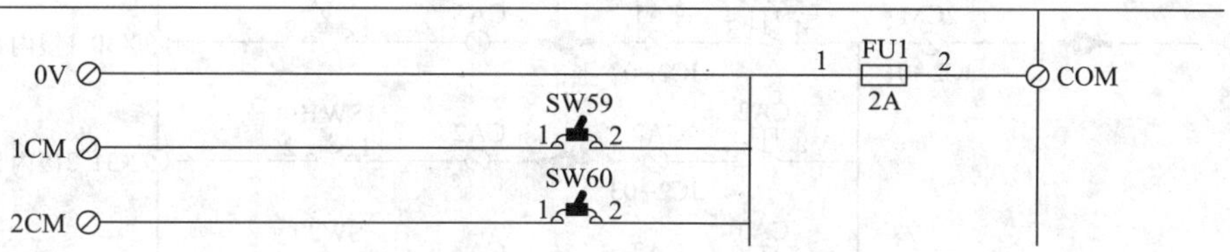

PLC 控制电梯输入信号公共端原理图①

故障排除：
设置故障点，进行死机类故障排除练习
（1）根据故障现象，分析故障原因，依次检查相关电路的工作是否正常
（2）确定故障电路后进行单元电路故障排查，找到故障点
（3）排除故障

故障排除记录

序号	故障范围	故障点	故障排除方法
1			
2			
3			
4			
5			

定向类故障排除

现象：没有定向
分析：定向类故障可能的原因有指令故障（内召、外召故障）、层楼信号故障等

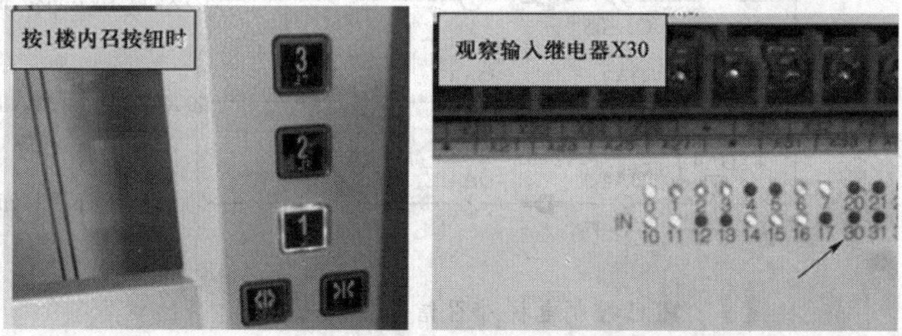

按 1 楼内召按钮，观察 PLC 没有输入信号

① CM 端子表示公共端。

续表

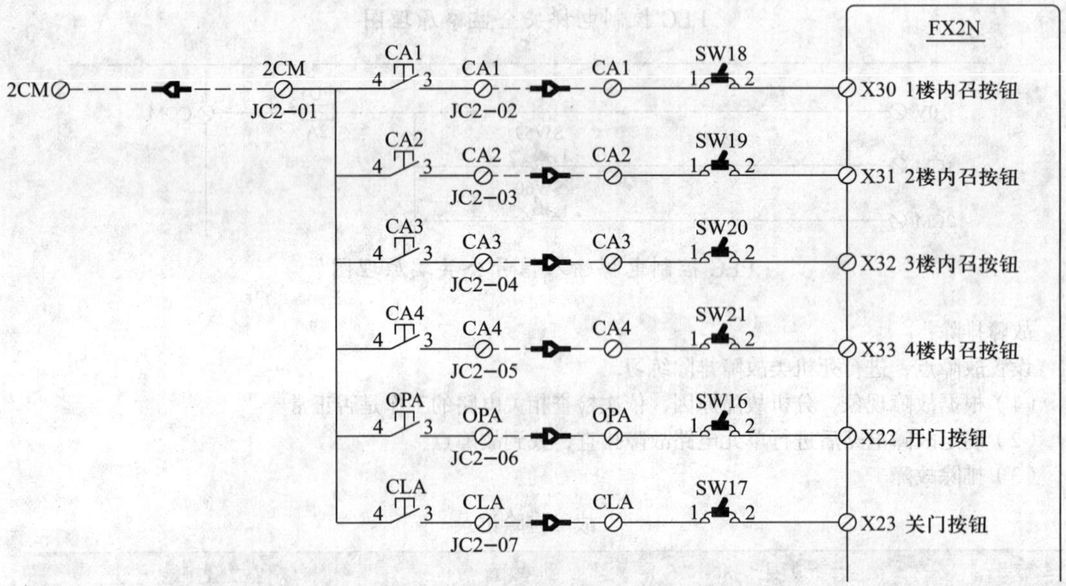

PLC 控制电梯内召信号登记原理图

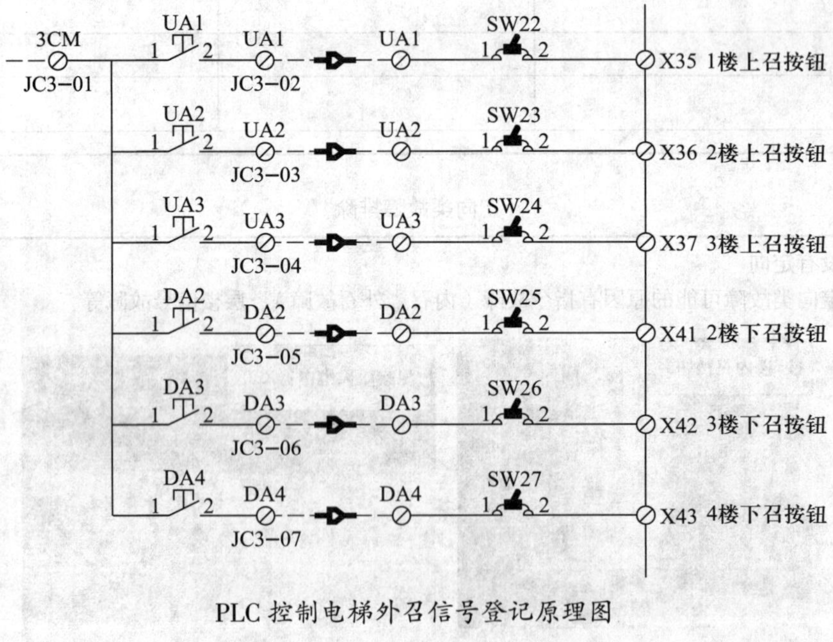

PLC 控制电梯外召信号登记原理图

续表

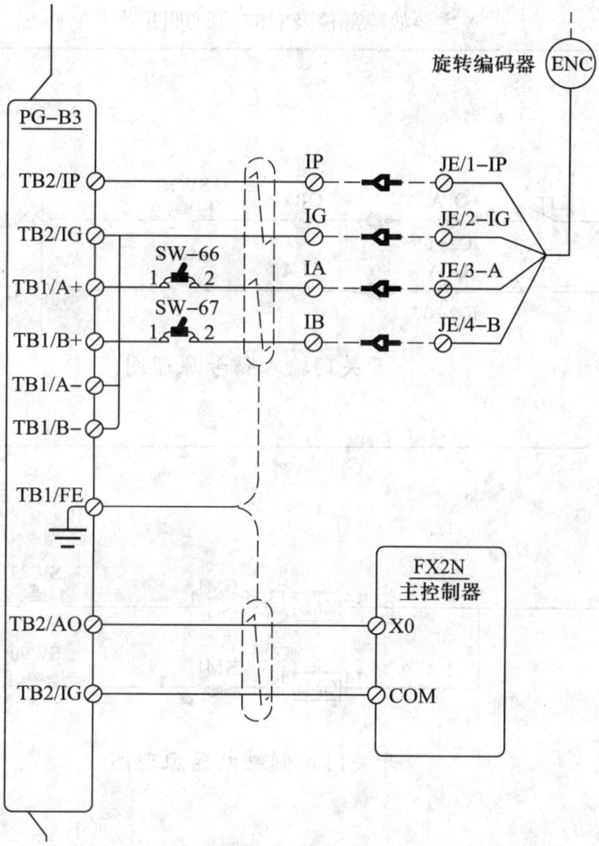

旋转编码器与变频器 PG 卡连接图

故障排除：

设置故障点，进行定向类故障排除练习

（1）根据故障现象，分析故障原因，依次检查相关电路的工作是否正常

（2）确定故障电路后进行单元电路故障排查，找到故障点

（3）排除故障

故障排除记录

序号	故障范围	故障点	故障排除方法
1			
2			
3			
4			
5			

开关门类故障排除

主要故障部位及对应的原理图

开关门输入信号故障

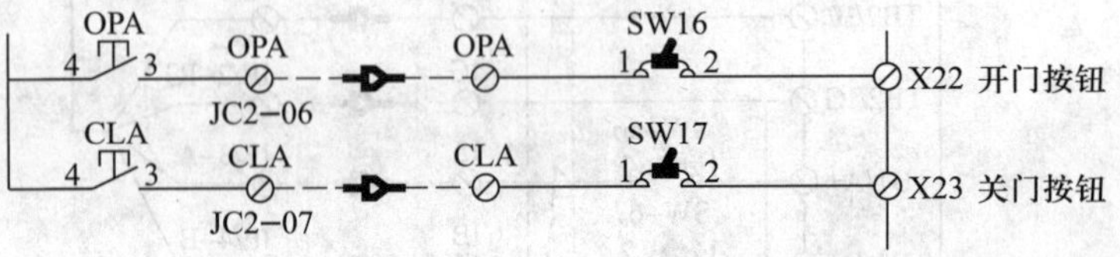

开关门输入信号原理图

开关门控制继电器故障

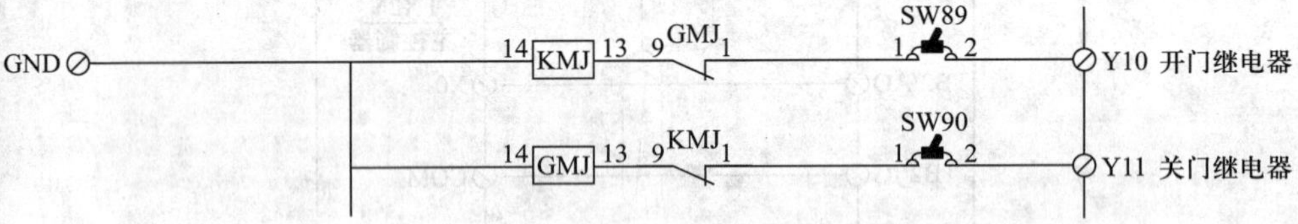

开关门控制继电器原理图

开关门延时及开关门到位故障

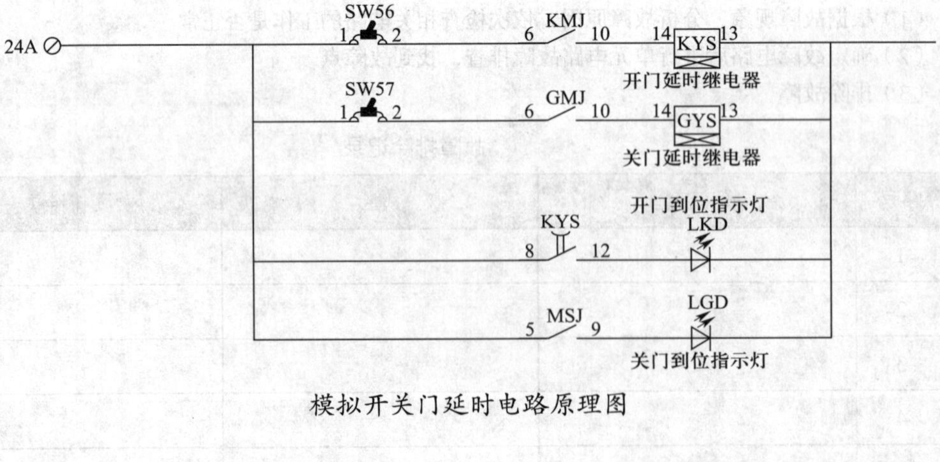

模拟开关门延时电路原理图

续表

<table>
<tr><td>开关门延时及开关门到位故障</td><td>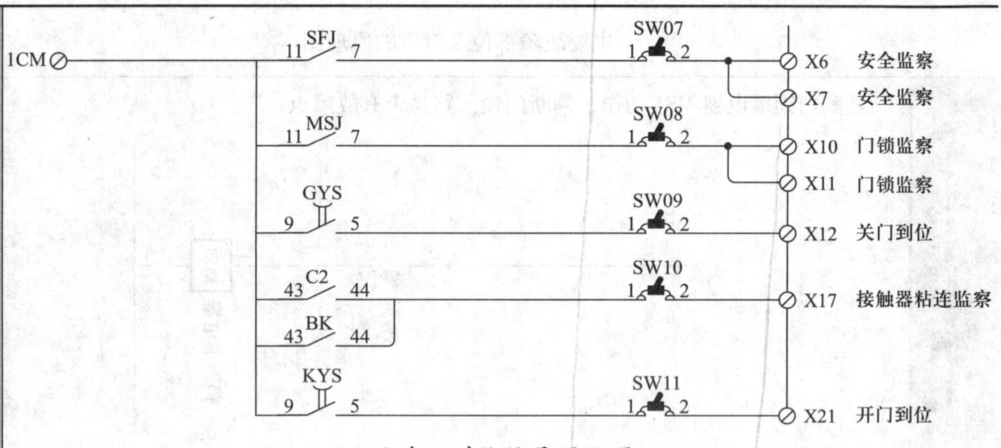

开关门到位信号原理图</td></tr>
<tr><td>平层信号故障</td><td>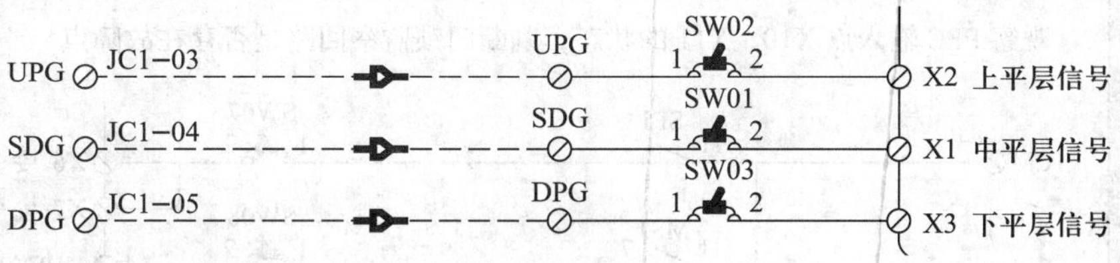

平层信号原理图</td></tr>
</table>

现象：描述开关门类故障现象

分析：开关门类故障可能的原因包括输入信号故障、开关门继电器回路故障、门机主回路故障、平层信号故障等

故障排除：

设置故障点，进行开关门类故障排除练习

（1）根据故障现象，分析故障原因，依次检查相关电路的工作是否正常

（2）确定故障电路后进行单元电路故障排查，找到故障点

（3）排除故障

故障排除记录

序号	故障范围	故障点	故障排除方法
1			
2			
3			
4			
5			

运行类故障排除

<table>
<tr><th></th><th>主要故障部位及对应的原理图</th></tr>
<tr><td>门锁外部线路故障</td><td>观察门锁继电器 MSJ 动作，判断门锁回路是否有故障点
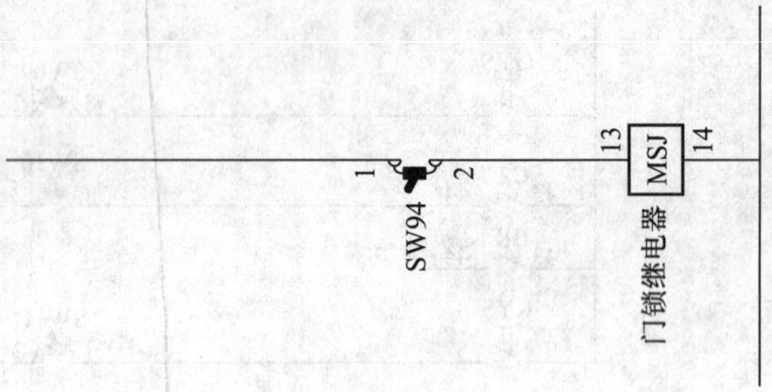

门锁继电器原理图</td></tr>
<tr><td>门锁监察输入点故障</td><td>观察 PLC 输入点 X10、X11 的状态，判断门锁监察回路是否存在故障点
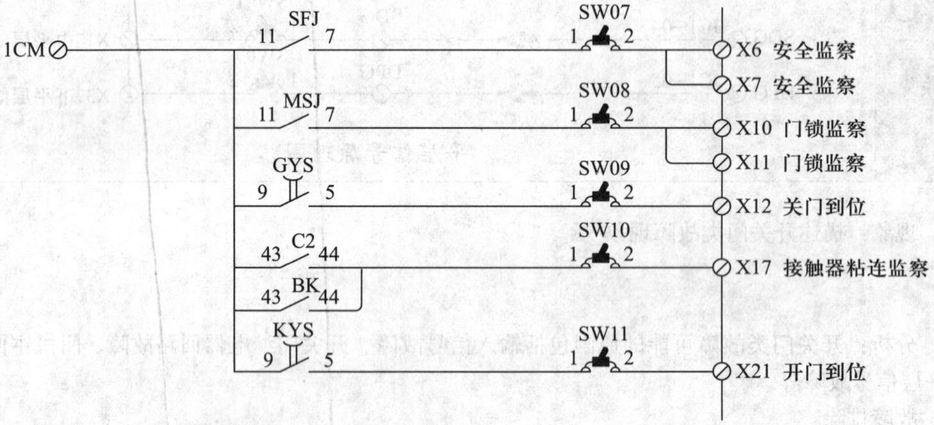

门锁监察原理图</td></tr>
<tr><td>强迫减速开关输入点故障</td><td>观察 PLC 上、下强迫减速开关输入信号 X13、X14，判断上、下强迫减速回路是否存在故障点
观察 PLC 上、下限位开关输入信号 X15、X16，判断上、下限位回路是否存在故障点
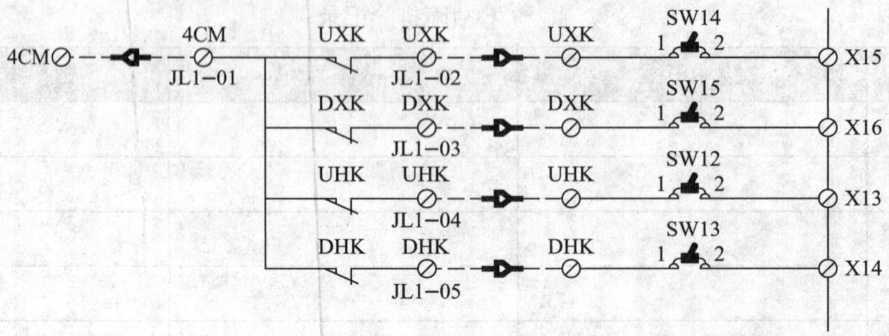

PLC 控制电梯上、下强迫减速开关及上、下限位开关原理图</td></tr>
</table>

续表

上、下行输出点故障	观察 PLC 输出上、下行信号 Y0、Y1，判断输出回路是否存在故障点 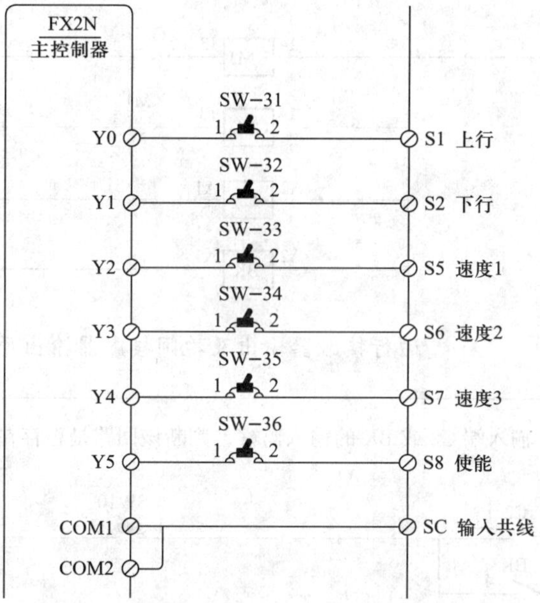 PLC 控制电梯上、下行原理图
快、慢速输出点故障	观察 PLC 输出多段速信号 Y2、Y3、Y4，判断输出回路是否存在故障点 电路图见 PLC 控制电梯上、下行原理图
变频器运行反馈故障	观察 PLC 与变频器的运行反馈回路，判断该回路是否存在故障点 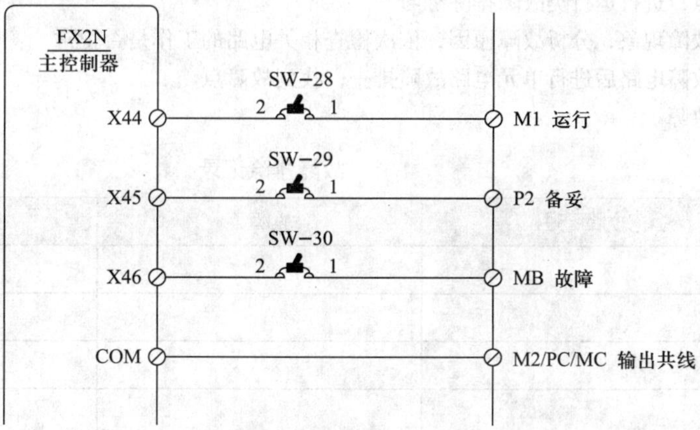 PLC 与变频器的运行反馈原理图

续表

<table>
<tr>
<td>C2 或
BK
驱动
线路
故障</td>
<td>观察 PLC 输出到 C2 或 BK 线圈回路，判断该回路是否存在故障点
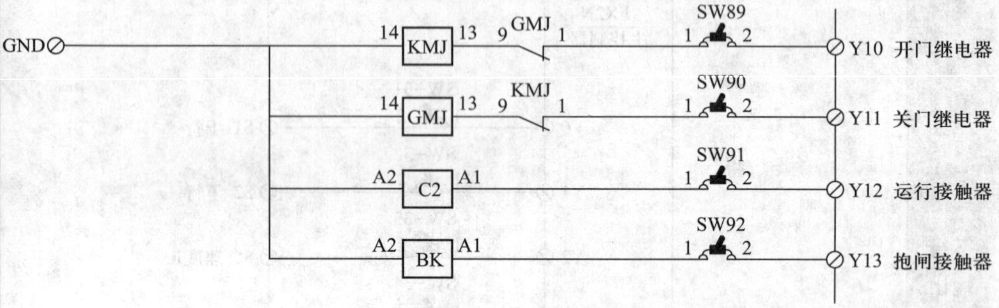

运行接触器输出及抱闸接触器输出原理图</td>
</tr>
<tr>
<td>C2 或
BK
监察
触点
故障</td>
<td>观察 PLC 输入端 C2 或 BK 的输入监察，判断该回路是否存在故障点
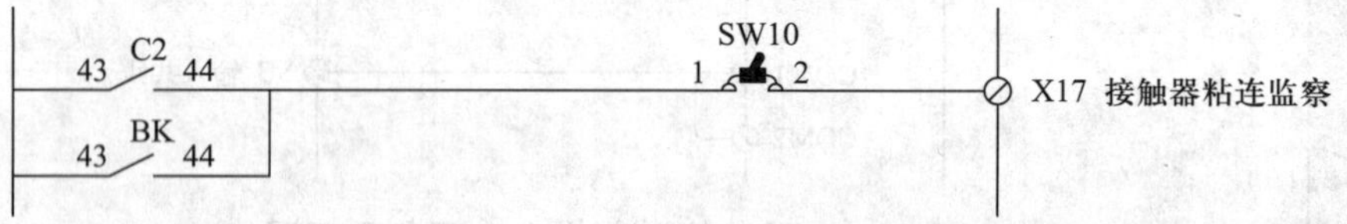

运行接触器及抱闸接触器监察原理图</td>
</tr>
</table>

现象：

分析：

故障排除：

设置故障点，进行运行类故障排除练习

（1）根据故障现象，分析故障原因，依次检查相关电路的工作是否正常

（2）确定故障电路后进行单元电路故障排查，找到故障点

（3）排除故障

故障排除记录

序号	故障范围	故障点	故障排除方法
1			
2			
3			
4			
5			

检修及显示类故障排除

主要故障部位及对应的原理图

检修转换故障及检修上、下行故障

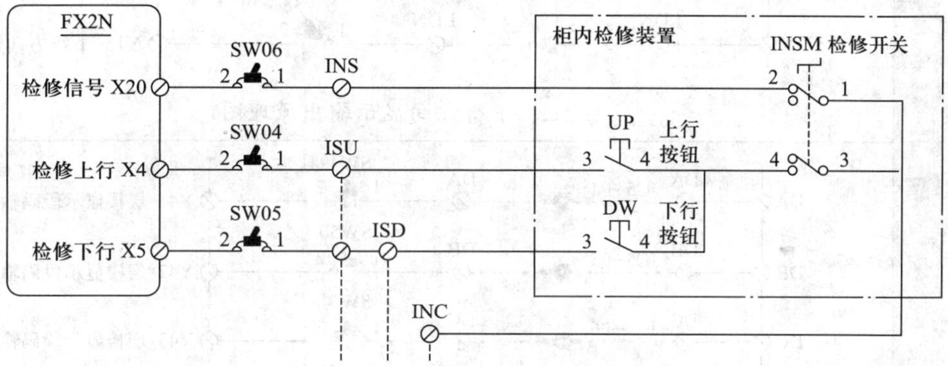

PLC 控制电梯检修原理图

指令显示故障

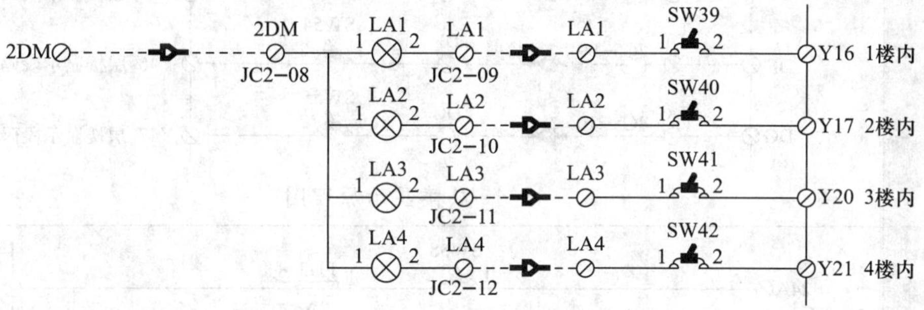

内召指令登记指示灯原理图

召唤显示故障

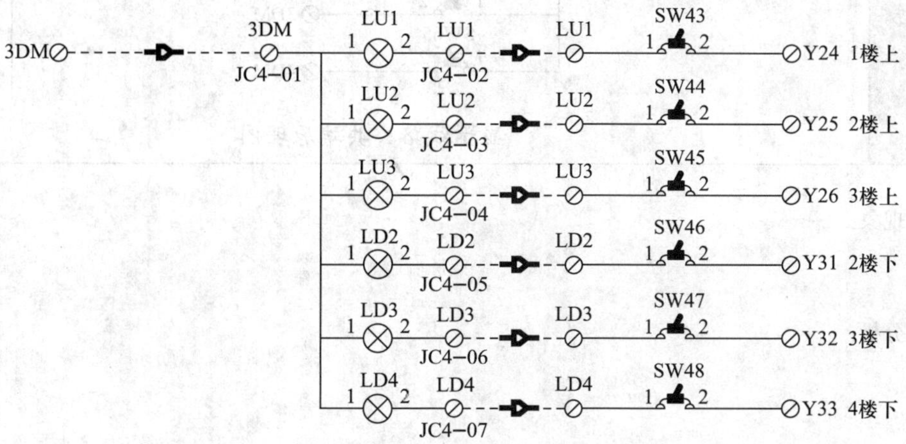

外召指令登记指示灯原理图

续表

方向显示故障

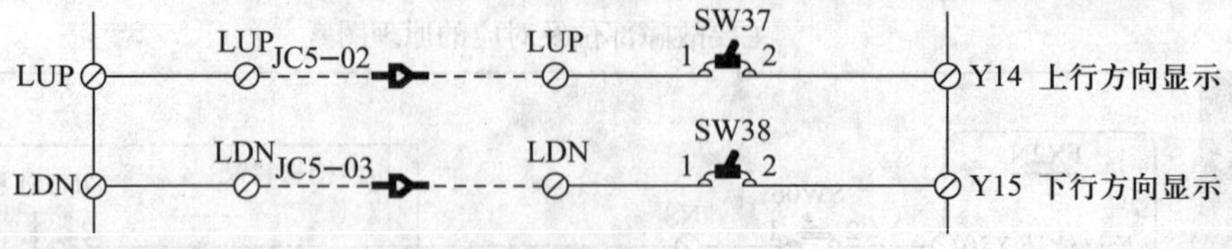

上、下行方向显示输出原理图

层楼显示故障

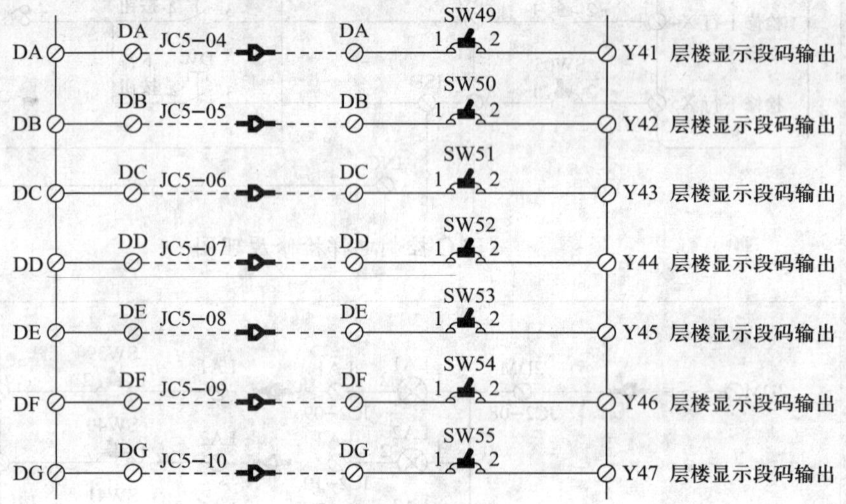

层楼显示原理图

显示线路公共端故障

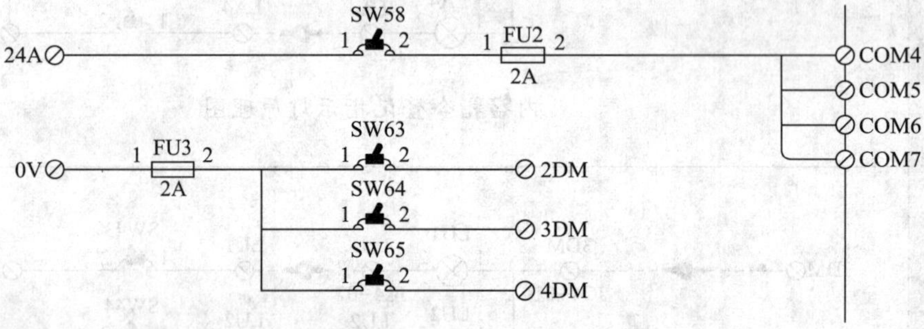

显示线路公共端原理图

现象：

分析：

续表

故障排除：
设置故障点，进行检修及显示类故障排除练习
（1）根据故障现象，分析故障原因，依次检查相关电路的工作是否正常
（2）确定故障电路后进行单元电路故障排查，找到故障点
（3）排除故障

故障排除记录

序号	故障范围	故障点	故障排除方法
1			
2			
3			
4			
5			

3．综合故障排除

小组相互设置故障点，进行故障排除训练。观察故障现象，排除 PLC 控制电梯电气设备故障，并填写综合故障训练记录表（样表）。

综合故障训练记录表（样表）

序号	故障范围	故障点	故障排除方法
1			
2			
3			
4			
5			

二、电气检查

1．引导问题

PLC 控制电梯整机电气设备安装任务的实施过程中，对安装过程进行了质量检查，这些检查主要集中在工序和工艺上。在电梯能够正式通电运行之前，还需要进行整机电气设备的通路确认及各项技术检查。

（1）简述电梯调试的基本原则。

（2）判断下列说法是否正确（正确的打“√”，错误的打“×”）。

1）调试前应充分理解电梯的控制功能和拖动控制系统原理。 □

2）调试工作必须以安全为前提。 □

3）调试工作要按从局部到整体、由静态到动态的原则进行。 □

（3）如何进行检修回路的电气检查?

（4）如何进行主回路的电气检查?

2．实施电气检查

（1）通电前的电气检查分解练习

熟练进行电气检查并填写下表。

电气检查分解表

各回路检查流程	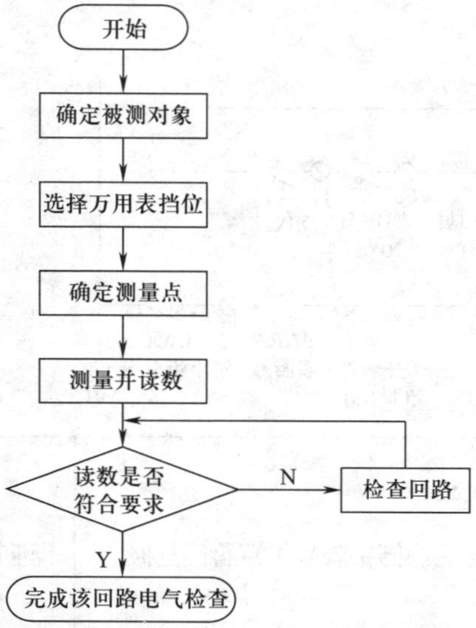	用线路通断法进行 PLC 控制电梯电气检查： （i）先确定所用仪表状态良好 （2）测量过程中不能用手接触表笔金属部分，以防触电或造成测量误差 （3）不要在测量时换挡，否则可能导致万用表损坏 （4）注意所检查回路的工作逻辑，检查回路的通断时，可手动操作相应接触器或继电器 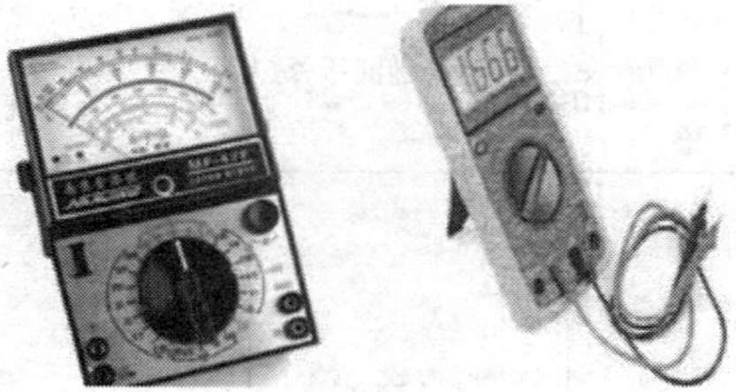 指针式万用表　数字式万用表

检查项目	检查内容		检查方法	测量结果	是否符合要求	整改措施
电气检查	检查主回路	电梯总电源箱至控制柜 L1	仪表： 挡位： 测量点（红表笔）： 测量点（黑表笔）：	读数：		
		电梯总电源箱至控制柜 L2	测量点（红表笔）： 测量点（黑表笔）：	读数：		
		电梯总电源箱至控制柜 L3	测量点（红表笔）： 测量点（黑表笔）：	读数：		

续表

检查项目	检查内容	检查方法	测量结果	是否符合要求	整改措施
电气检查	主回路其他测量点	列写测量点（从端子到端子）：	读数：		

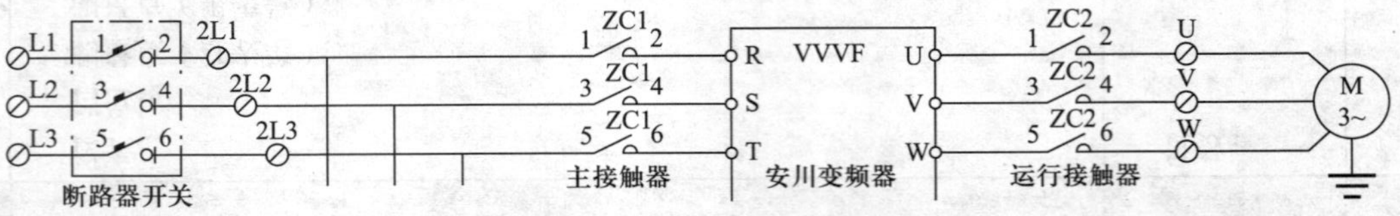

PLC 控制电梯主回路原理图

检查项目	检查内容	检查方法	测量结果	是否符合要求	整改措施
电气检查	检查安全回路及门锁回路	列写测量点（从端子到端子）：	读数：		

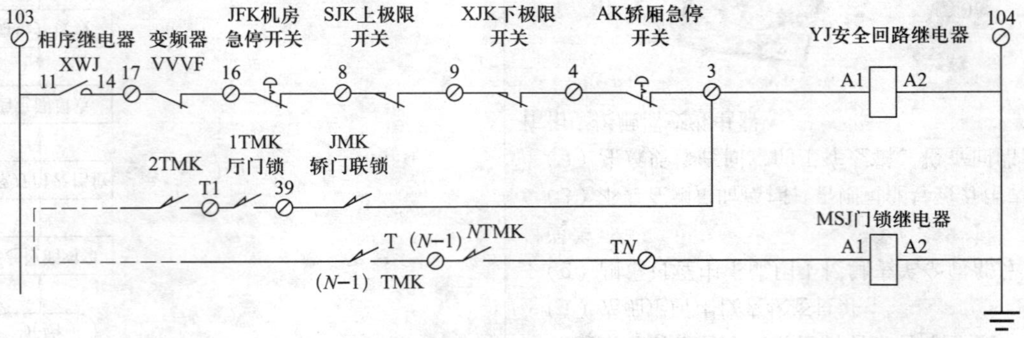

安全回路和门锁回路原理图

续表

检查项目	检查内容	检查方法	测量结果	是否符合要求	整改措施
电气检查	检查主机编码器与控制柜中 12 V、0 V、A、B 间的接线是否正确	测量点（从端子到端子）：	读数：		
		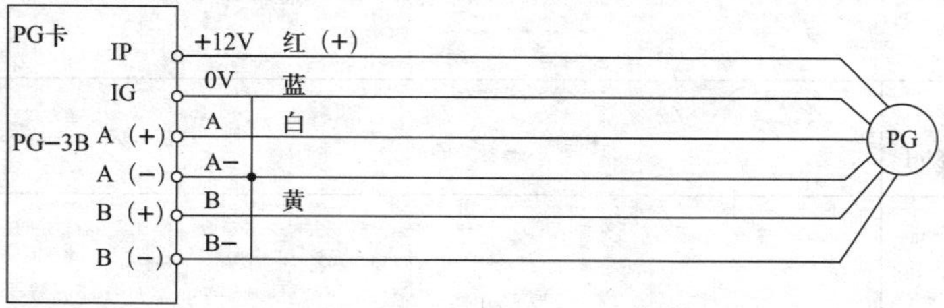 旋转编码器连接原理图			
	检查检修回路接线逻辑是否正确	测量点（从端子到端子）：	读数：		
		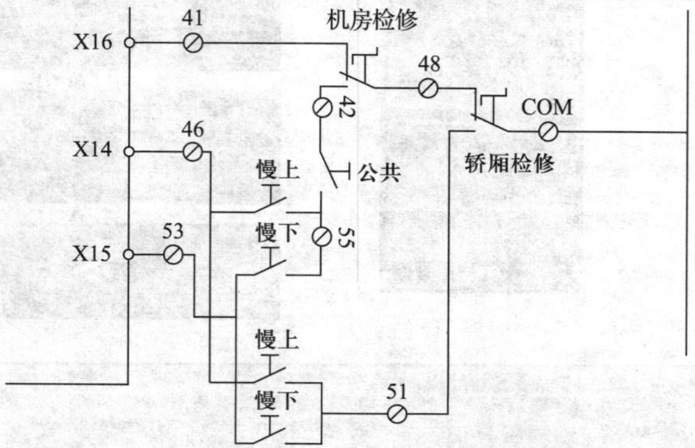 检修回路原理图			

续表

检查项目	检查内容	检查方法	测量结果	是否符合要求	整改措施
电气检查	测量电动机三相电阻是否平衡	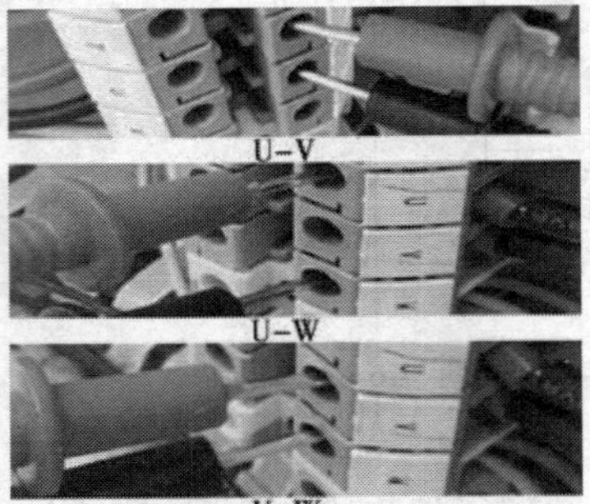  读数	R_{U-V}= R_{U-W}= R_{V-W}=		
	检查上、下强迫减速开关和限位开关工作是否正常	测量点：	读数：		
	检查抱闸回路是否正常	测量点：	读数：		

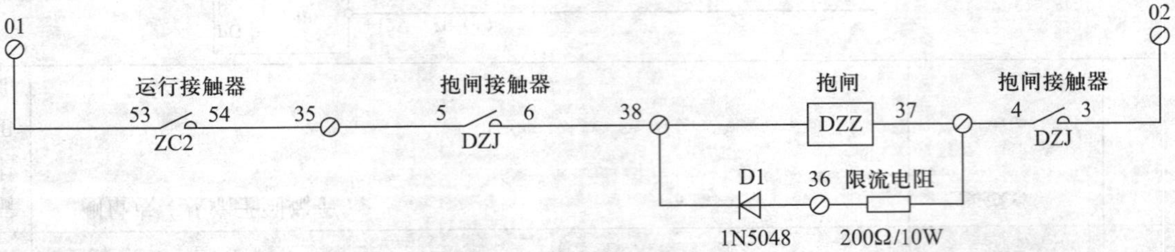

抱闸回路原理图

检查人	

（2）电气检查实施及记录

实施 PLC 控制电梯通电前的电气检查，并填写调试过程报告。

PLC 控制电梯调试过程报告——电气检查

检查项目	检查内容	测量结果	测量人
电气检查	电梯总电源箱至控制柜 2L1 的接线		
	电梯总电源箱至控制柜 2L2 的接线		
	电梯总电源箱至控制柜 2L3 的接线		
	主机抱闸线圈至控制柜中 DZJ A1 的接线		
	主机抱闸线圈至控制柜中 DZJ A2 的接线		
	控制柜变频器输出 U 与三相发动机进线 U 端的接线		
	控制柜变频器输出 V 与三相发动机进线 V 端的接线		
	控制柜变频器输出 W 与三相发动机进线 W 端的接线		
	主机编码器与控制柜中 12 V、0 V、A、B 间的接线		
	安全回路是否工作正常		
	门锁回路是否通路		
	检修回路通断逻辑是否正确		
	门机电源及信号回路接线是否正确		
	开门到位信号是否正确		
	关门到位信号是否正确		
	开门信号是否正确		
	关门信号是否正确		
	发动机三相间的电阻是否平衡		
	上限位开关是否正常		
	下限位开关是否正常		
	上强迫减速开关是否正常		
	下强迫减速开关是否正常		

三、绝缘检查

1．引导问题

根据任务书、所收集的资料及绝缘表的使用说明书，回答下列引导问题。

（1）进行绝缘检查需要使用什么仪表？其测量范围是多少？电压等级如何划分？

（2）对动力回路和信号回路进行绝缘检查时有什么区别？根据国标规定，简述各个回路的绝缘电阻范围。

（3）绝缘检查包括哪些操作步骤？

（4）绝缘检查的意义是什么？

2．实施绝缘检查

（1）PLC 控制电梯通电前的绝缘检查分解练习

熟练进行绝缘检查并填写下表。

绝缘检查分解表

<table>
<tr><td>绝缘电阻检查方法</td><td colspan="2">熟悉数字式兆欧表：
（1）明确测量目标，将两根测试表笔插入相应的位置（黑表笔插“COM”端，红表笔插“绝缘”或“Ω”端）
（2）选择测量挡位，根据被测电路的供电电源等级，将旋钮转到测量绝缘电阻的 500 V 挡、250 V 挡、100 V 挡、50 V 挡或 Ω 挡
（3）确定测量点，将两根表笔分别接到测量点处
（4）红表笔的 TEST 按钮为读取值时的锁定按钮，为了准确地读取数值，测量时需按下该按钮
（5）详细的使用方法需查看兆欧表的说明书</td><td colspan="3">绝缘测试前应进行如下处理：
（1）切断动力和照明电源
（2）把接地线从接地端子上取下
（3）取下各印制电路板上的插件
（4）进行低压绝缘测试：用 50 V 挡测量控制柜内各端子与接地端子之间的绝缘电阻
（5）进行高压绝缘测试：用 250 V 或 500 V 挡测量接线端子与接地端子之间的绝缘电阻
注：绝对不能用 500 V 挡测量低压电路
测试后的恢复：首先将地线相互接触，将地线接到相应端子上，然后才能将前面拆除的插件装上</td></tr>
<tr><th>检查项目</th><th>检查内容</th><th>检查方法</th><th>测量结果</th><th>是否符合要求</th><th>整改措施</th></tr>
<tr><td rowspan="3">绝缘检查</td><td>L1、L2、L3 与 PE 之间</td><td>仪表：
挡位：
测量点（红表笔）：
测量点（黑表笔）：</td><td>读数：</td><td></td><td></td></tr>
<tr><td>抱闸接触器 A1、A2 与 PE 之间</td><td>挡位：
测量点（红表笔）：
测量点（黑表笔）：</td><td>读数：</td><td></td><td></td></tr>
<tr><td>旋转编码器 12 V、0 V、A、B 与 PE 之间</td><td>挡位：
测量点（红表笔）：
测量点（黑表笔）：</td><td>读数：</td><td></td><td></td></tr>
</table>

续表

检查项目	检查内容	检查方法	测量结果	是否符合要求	整改措施
	24 V、0 V 与 PE 之间	挡位： 测量点（红表笔）： 测量点（黑表笔）：  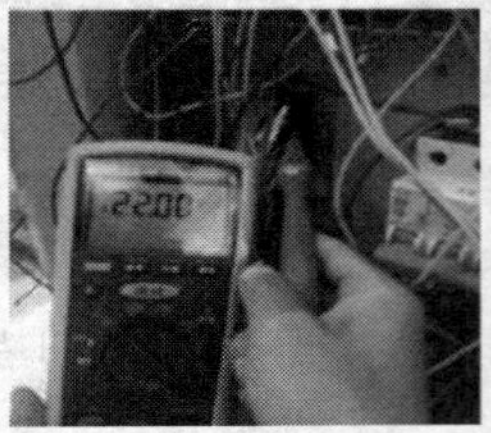 24 V 开关电源与 PE 之间的绝缘电阻测量	读数：		
	安全回路、门锁回路各端子与 PE 之间	挡位： 测量点（红表笔）： 测量点（黑表笔）：	读数：		
绝缘检查	电动机三相 U、V、W 与 PE 之间	挡位： 测量点（红表笔）： 测量点（黑表笔）：	读数：		
检查人					

（2）绝缘检查实施及记录

实施 PLC 控制电梯通电前的绝缘检查，并填写调试过程报告。

PLC 控制电梯调试过程报告——绝缘检查

检查项目	检查内容	测量结果	测量人
绝缘检查	2L1、2L2、2L3 与 PE 之间		
	电动机三相 U、V、W 与 PE 之间		
	变频器及制动单元上各信号端子及动力端子与 PE 之间		
	01、02、DZZ 37、DZZ 38 与 PE 之间		
	24 V、0 V 与 PE 之间		
	安全回路各中间接线端子与 PE 之间		
	门锁回路各中间接线端子与 PE 之间		
	检修回路中各端子与 PE 之间		
	旋转编码器 +12 V、0 V、A、B 与 PE 之间		

四、接地检查

1．引导问题

正常情况下，电气设备的金属外壳是不带电的，但当设备某处绝缘损坏时，内部导体与金属外壳接触，使外壳带电。这时，如果人体接触金属外壳，就会引起触电事故。为了确保操作人员的安全，电梯的供电系统最好采用三相五线制（TN–S）系统供电，用三相五线将供电电源送入机房，且工作零线与保护零线始终分开。进行接地检查前回答下列引导问题。

（1）电梯控制系统的哪些部分必须可靠接地?

（2）简述电梯控制系统的接地检查方法。

（3）查阅相关资料，列举各类电压等级电路对接地电阻的要求。

2．实施接地检查

（1）PLC 控制电梯通电前的接地检查分解练习

熟练进行接地检查并填写下表。

接地检查分解表

<table>
<tr><td>接地电阻技术要求</td><td colspan="5">接地的要求：
为了防止串行通信信号受到干扰，控制系统应具有比较严格的接地要求；机房必须有符合电梯技术条件中所列的接地条件，进入机房的接地线必须接至控制柜的接地铜排，具体如下：
（1）对于机房中的设备，如五线制电源输入的地线，电动机、控制柜和编码器的外壳，必须可靠接地，接地点应为控制柜的接地铜排
（2）对于控制柜中的设备，如变频器、开关电源、变压器，必须可靠接地，接地点为控制柜的接地铜排
（3）对于轿厢设备，如门机、轿厢顶部整体，必须可靠接地，接地点为控制柜的接地铜排
（4）对于厅外呼梯盒，也应统一接地，接地点为控制柜的接地铜排
（5）编码器屏蔽线的接地
1）编码器外壳已经接地，但编码器的屏蔽线和外壳相通，此时编码器的屏蔽线另一端（接变频器端）不接地
2）编码器外壳已经接地，但编码器的屏蔽线和外壳不相通，此时编码器的屏蔽线另一端（接变频器端）必须接地
3）为了抑制电路间的感应干扰，还应将变频器的输出动力线和编码器的走线分别导入已经接地的金属管内，且动力线与信号线之间的距离至少为 30 cm
注：接地点应集中为一点（如控制柜的接地铜排），绝不可分散接地</td></tr>
<tr><td>检查项目</td><td>检查内容</td><td>检查方法</td><td>测量结果</td><td>是否符合要求</td><td>整改措施</td></tr>
<tr><td>接地检查</td><td>变频器接地点与PE之间</td><td>仪表：
挡位：
测量点（红表笔）：
测量点（黑表笔）：
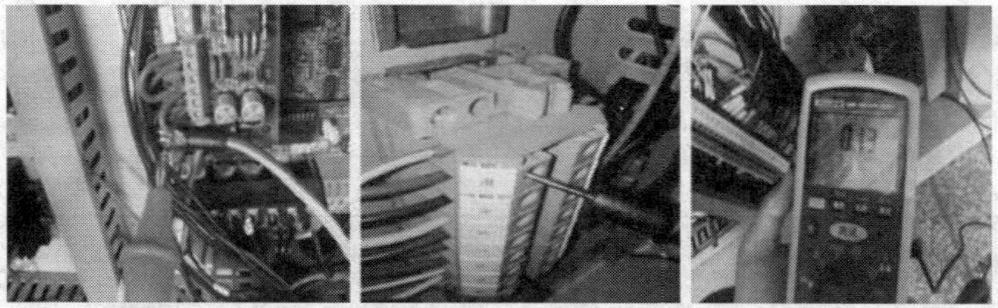
测量变频器接地点与控制柜接地点之间的接地电阻</td><td>读数：</td><td></td><td></td></tr>
</table>

续表

检查项目	检查内容	检查方法	测量结果	是否符合要求	整改措施
接地检查	电磁制动器接地点与PE之间	挡位： 测量点（红表笔）： 测量点（黑表笔）：	读数：		
	控制柜壁与PE之间	挡位： 测量点（红表笔）： 测量点（黑表笔）： 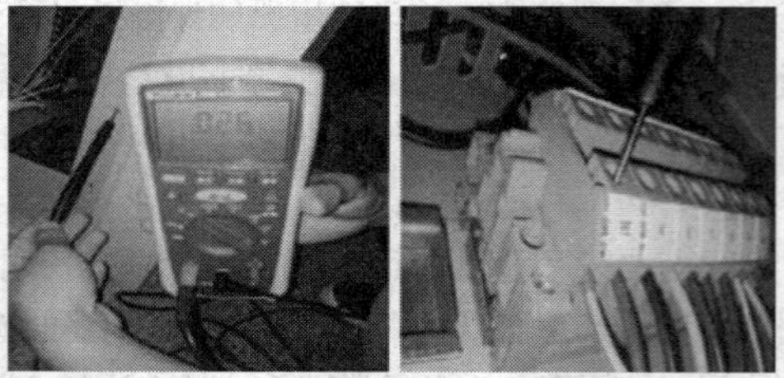 测量控制柜壁与接地点之间的接地电阻	读数：		
检查人					

（2）接地检查实施及记录

实施 PLC 控制电梯通电前的接地检查，并填写调试过程报告。

PLC 控制电梯调试过程报告——接地检查

检查项目	检查内容	测量结果	测量人
接地检查	市电电源接地点与 PE 之间		
	电动机接地点与 PE 之间		
	旋转编码器线缆屏蔽层与 PE 之间		
	旋转编码器线缆外用金属软管进柜端与 PE 之间		
	变频器接地点与 PE 之间		
	开关电源接地点与 PE 之间		
	抱闸接地点与 PE 之间		
	控制柜壁及门与 PE 之间		
	线槽最末端与 PE 之间		
	轿厢壁与 PE 之间		
	层门电气门锁接地点与 PE 之间		
	井道底坑各安全开关接地点与 PE 之间		

五、电压符合性检查

1．引导问题

实施 PLC 控制电梯电气系统通电后的电压符合性检查前，完成下列引导问题。

（1）如何进行电压符合性检查？检查内容有几项？

（2）进行电压符合性检查，为了保证设备和人员的安全需要做哪几项工作？

2．实施电压符合性检查

（1）PLC 控制电梯电压符合性检查分解练习

熟练进行电压符合性检查并填写下表。

电压符合性检查分解表

检查项目	检查内容	检查方法	测量结果	是否符合要求	整改措施
电压符合性检查	L1、L2、L3 之间的电压值	仪表： 挡位： 测量点（红表笔）： 测量点（黑表笔）：	U_1= U_2= U_3=		
	01、02 端子之间的电压值	挡位： 测量点（红表笔）： 测量点（黑表笔）：	读数：		
	103、104 端子之间的电压值	挡位： 测量点（红表笔）： 测量点（黑表笔）：	读数：		

续表

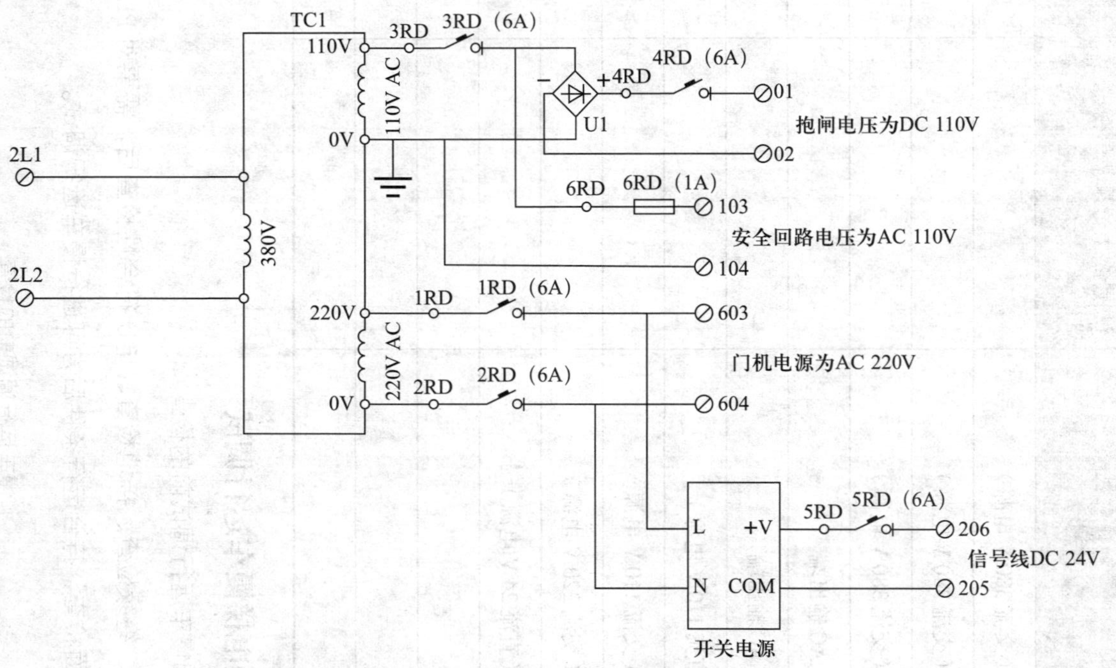

PLC 控制电梯电源回路原理图

检查人	

（2）电压符合性检查实施及记录

根据以上练习，逐级给 PLC 控制电梯上电，测量各个电源回路的供电电压，判断其是否符合标准规定，并填写调试过程报告。

PLC 控制电梯调试过程报告——电压符合性检查

检查项目	检查内容	测量结果记录及是否符合标准判断	测量人
电压符合性检查	2L1–2L2（交流 380 V 电源）		
	2L2–2L3（交流 380 V 电源）		
	2L3–2L1（交流 380 V 电源）		
	TC1 110V AC 输出端		
	TC1 220V AC 输出端		
	01–02（直流 110 V 电源）		
	103–104（交流 110 V 电源）		
	603–604（交流 220 V 电源）		
	205–206（直流 24 V 电源）		

六、PLC 控制电梯慢车运行调试

1．PLC 控制电梯慢车运行调试前的检查

完成了电气检查、绝缘检查、接地检查、电压符合性检查后，需要对 PLC 控制电梯的运行环境再次进行全面检查，符合运行条件后方可进行慢车运行调试。

慢车运行调试前的检查

填表人：
客户电梯编号：
工地负责人：
检查人：
检查日期：

续表

安全注意事项：

检查标准

<table>
<tr><th>类别</th><th>内容</th><th>是否合格</th></tr>
<tr><td>1</td><td><table>
<tr><th>检查项目（门系统主要部件）</th><th>检查方法</th></tr>
<tr><td>轿门门扇与前壁之间的间隙不大于 6 mm；在水平滑动门开启方向，以 150 N 的人力施加在一个最不利的点，间隙不大于 30 mm</td><td>用尺测量；在门扇底部水平拉动门扇，检查间隙</td></tr>
<tr><td>轿门运行不应卡阻、脱轨或在行程终端错位</td><td>进行运行试验</td></tr>
<tr><td>轿门需有机械锁，并能有效锁住轿门的非正常打开</td><td>目测并进行运行试验</td></tr>
</table></td><td></td></tr>
<tr><td>2</td><td>确认工地具备调试用电（临时 / 永久）及电源开关，确认接地有效、可靠</td><td></td></tr>
<tr><td>3</td><td>确认机房、井道、轿顶有适当的照明设施，确认控制柜位置适当</td><td></td></tr>
<tr><td>4</td><td>检查项目（整机电气设备检查）：
（1）确认电梯电气系统的机房线路敷设完成，连接正确、牢固，各回路动作逻辑正确
（2）检查各个电缆线头铰接、压接方法是否符合规定
（3）检查随行电缆、井道电缆是否已敷设，且在电梯运行时不会与轿厢和对重产生刮碰
（4）检查随行电缆、井道电缆是否已与控制柜相连，检查时先拆开连接，以保证控制柜通电时随行电缆和井道电缆不带电
（5）检查召唤线路和层楼显示线路是否都已安装且接线可靠
（6）检查电动机的接线是否牢固、可靠
（7）检查轿门与层门门锁的安全回路是否正常
（8）确认电气设备导体之间及导体与地之间的绝缘电阻（动力设备和安全装置不超过 0.5 MΩ，低压控制回路不小于 0.25 MΩ）</td><td></td></tr>
<tr><td>5</td><td>确认轿门、轿厢、轿架、导靴、导轨、钢丝绳安装完成，且安装正确、有效</td><td></td></tr>
<tr><td>6</td><td>确认制动器调校完成，且调校正确、有效</td><td></td></tr>
</table>

续表

类别	内容	是否合格
7	确认限速器及缓冲器安装完成，且安装正确、有效	
8	确认安全钳安装完成，且安装正确、有效	
9	确认所有层门安装完成，且能自由关闭	
10	确认井道、底坑及机房清理妥当	
11	确认机房门、窗锁闭有效，门扇应设置向外开启	
12	确认对重块已适量安装并有效固定（对重比轿厢稍重）	
13	确认机房温度为 5 ~ 40℃，在 20℃时环境相对湿度不大于 85%	
14	确认检修速度设定应不大于 0.63 m/s	

（项目组必须跟进未完成 / 不妥当的事项，符合调试条件后签名）

安装班组检查签署：__________ 日期：__________

项目经理复核签署：__________ 日期：__________

调试工程师是否同意慢车运行调试：__________

调试工程师确认签署：__________ 日期：__________

2．PLC 控制电梯慢车运行调试

PLC 控制电梯慢车运行调试条件满足后，可以进行慢车运行调试，并填写调试过程报告。

PLC 控制电梯调试过程报告——慢车运行调试

安全注意事项：

调试过程记录

序号	操作	电梯运行情况	操作结果
1	合上总电源开关，将控制柜急停开关复位		
2	检查安全回路电压是否正常		
3	检查安全回路是否畅通		
4	检查门锁回路是否畅通		

续表

序号	操作	电梯运行情况	操作结果
5	检查上、下限位回路是否畅通		
6	检查上、下强迫减速回路是否畅通		
7	检查检修回路动作逻辑是否正确		
8	检修时，按上行按钮 + 公共按钮		
9	检修时，按下行按钮 + 公共按钮		
10	检查检修回路上、下行逻辑是否正确		

完成慢车运行调试时间：

调试工程师签名：

七、PLC 控制电梯井道自学习及快车运行调试

1．PLC 控制电梯快车运行调试前的检查

在调试工程师进场时按照表格中所列条目进行检查，确定是否符合快车运行调试条件。

快车运行调试前的检查

填表人：
客户电梯编号：
工地负责人：
检查人：
检查日期：

安全注意事项：

续表

检查标准

序号	检查内容	安装班组	调试工程师	复检日期及签署
1	轿顶围栏安装正确			
2	轿厢及轿顶设备安装完成			
3	对重防护栏安装正确			
4	轿门安装完成			
5	所有电气及机械安全开关接通并有效			
6	所有层门调校正确			
7	补偿链安装正确			
8	钢丝绳挡绳装置安装正确			
9	导轨清洁			
10	轿门调校完成			
11	控制柜清理完成			
12	安全钳调校完成			
13	限速器及张紧轮重块清洁			
14	层门轨及地坎清洁			
15	井道完全封闭，清理完成			
16	缓冲器安装正确			

（项目组必须跟进未完成 / 不妥当的事项，符合调试条件后签名）

本电梯已具备快车运行调试条件

安装班组检查签署：________________ 日期：________________

调试工程师确认签署：____________ 日期：________________

2．PLC 控制电梯井道自学习

确认电梯满足快车运行调试条件且检修运行无误后，可以进行井道自学习，并填写调试过程报告。

PLC 控制电梯调试过程报告——电梯井道自学习

安全注意事项：

自学习过程记录

序号	内容	是否完成	记录人
1	在检修状态下将电梯开至 1 楼 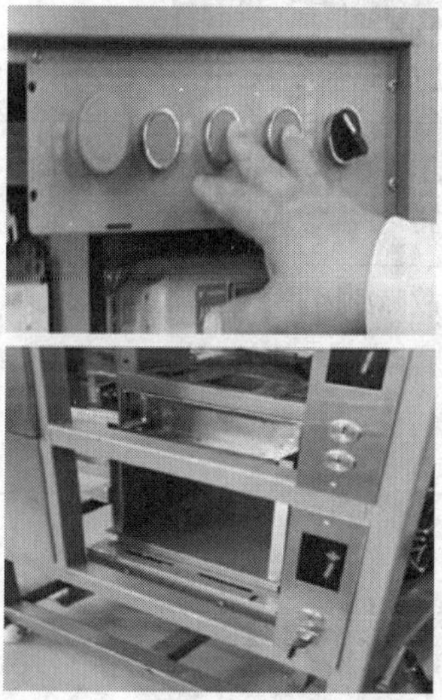 操作 PLC 控制电梯检修运行		
2	确认平层时两个平层感应器均动作，并确保安全回路与门锁回路正常  平层感应器		

续表

序号	内容	是否完成	记录人
3	同时按压操纵箱1层和4层按钮不放，待3 s左右电梯开始自学习（或进入安装与调试手册规定的自学习状态）  操作PLC控制电梯进入自学习状态		
4	电梯即开始自学习，待电梯完成自学习后方可进行快车运行调试		

若未完成自学习，应描述故障现象，分析故障原因并提出解决方案：

3．PLC控制电梯快车运行调试

井道自学习完成后，将控制柜检修置于“正常”状态，可用单层运行、多层运行、箱内召唤指令、厅外召唤指令等进行快车运行。实施快车运行调试并填写调试过程报告，电梯正常运行后填写电梯功能自检表。

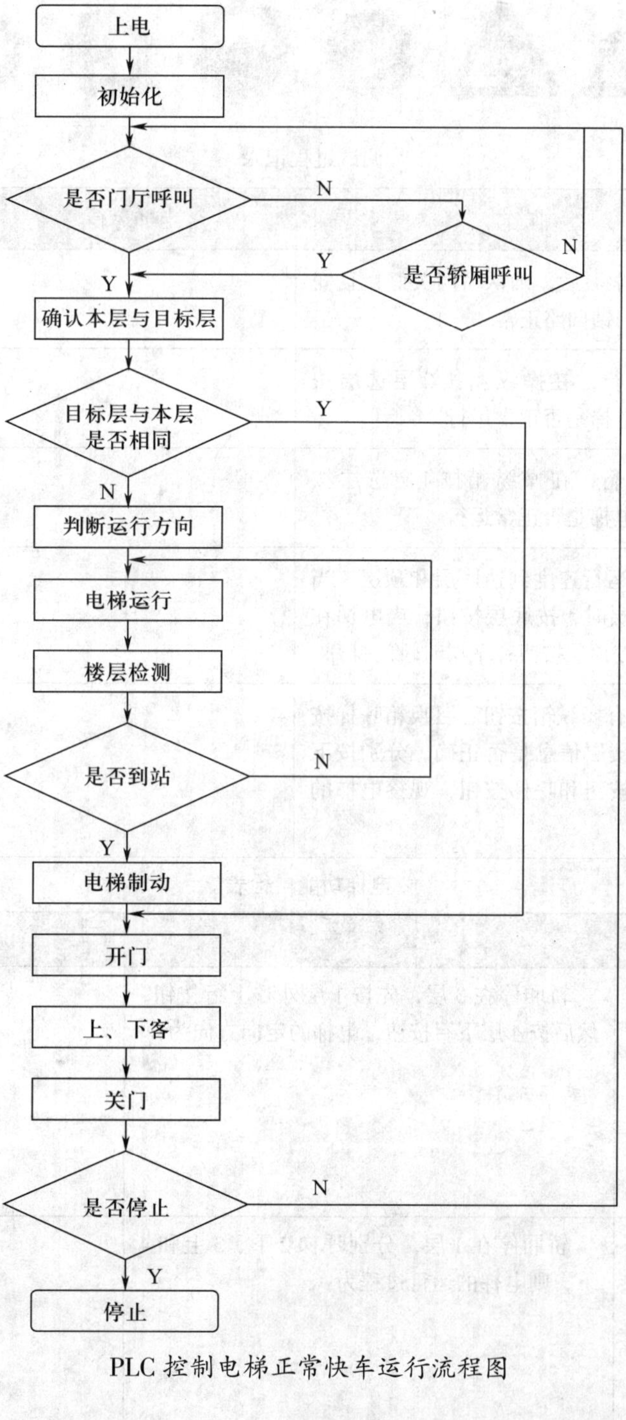

PLC 控制电梯正常快车运行流程图

PLC 控制电梯调试过程报告——快车运行调试

安全注意事项：

调试过程记录

序号	操作	电梯运行情况	操作结果
1	完成自学习后，确认轿门关好，且安全回路和门锁回路正常		
2	单层运行，在操纵箱按 2 层选层按钮，观察电梯是否正常运行		
3	多层运行，在操纵箱按 4 层选层按钮，观察电梯是否正常运行		
4	以多层运行速度到达底层和顶层。当电梯在顶层时，按底层按钮；当电梯在底层时，按顶层按钮；平层时轿门打开		
5	检查所有操纵箱按钮、召唤箱呼梯按钮及显示楼层信息是否正确。分别按下所有选层按钮和呼梯按钮，观察电梯的运行情况		

电梯功能自检表

电梯功能	建议检查方式	自由设计检查方式
自动定向功能	轿厢停在 3 层，先按 1 层外呼上行按钮，然后按 4 层下召按钮，电梯的定向方向为：	
顺向截梯，反向记忆功能	轿厢停在 1 层，分别呼梯 2 下、3 上和 4 下，则电梯的运行过程为：	

续表

电梯功能	建议检查方式	自由设计检查方式
最远反向截梯功能	当电梯轿厢在 1 层时，分别呼梯 2 下、3 下和 4 下，则电梯的运行过程为：	
本层呼梯开门功能	当电梯轿厢在 1 层时，1 层呼梯，则电梯的运行过程为：	
锁梯功能	当电梯轿厢在 4 层时，将钥匙开关转到锁梯位置，则电梯的运行过程为：	
司机功能	将电梯转入司机运行状态，点动关门，若门未关到位就松开关门按钮，则现象为：	
检修功能	将电梯转入检修状态，上行或下行，则电梯的运行状态为：	

续表

电梯功能	建议检查方式	自由设计检查方式
光幕保护功能	电梯在关门过程中遮挡光幕，则现象为：	
层楼校正功能	若电梯层楼位置乱层，将电梯检修运行至下端站层，并碰触下强迫减速开关或下限位开关，则层楼显示为：	
其他功能 1：________________		
其他功能 2：________________		

八、交付验收

安装、调试完成后交付验收，并填写 PLC 控制电梯交付使用申报表，向主管部门申报使用。

PLC 控制电梯交付使用申报表

设备基本信息			
设备代码		设备类别	
设备型号		设备名称	
安装开始日期		安装完成日期	
安装队负责人		联系方式	
调试工程师		联系方式	
是否调试完成且符合任务书的各项要求		安全验收部门	

续表

设备制造单位信息			
制造单位名称		制造许可证书号	
制造日期		出厂编号	
设备使用单位信息			
使用单位名称		法定代表人	
使用单位地址		邮政编码	
联系人		联系电话	
单位所属行业		安全管理人员	
设备使用场所		设备投用日期	

学习活动6　工作总结与评价

学习目标

1. 能按分组情况，展示工作成果，说明本次任务的完成情况，并做分析总结。

2. 能结合任务完成情况，正确规范地撰写工作总结。

3. 能就本次任务中出现的问题提出改进措施。

4. 能对学习与工作进行反思，并能与他人开展良好合作，进行有效沟通。

建议学时　4学时

学习过程

一、个人、小组评价

以小组为单位，选择演示文稿、展板、海报、视频等形式中的一种或几种，向全班展示、汇报安装与调试成果。在展示的过程中，以小组为单位进行评价；评价完成后，根据其他小组对本组展示成果的评价意见进行归纳总结。

汇报思路设计：

其他小组成员的评价意见：

二、教师评价

认真听取教师对本小组展示成果优缺点以及在完成任务过程中出现的亮点和不足的评价意见，并做好记录。

1．教师对本小组展示成果优点的点评。

2．教师对本小组展示成果缺点及改进方法的点评。

3．教师对本小组在整个任务完成过程中出现的亮点和不足的点评。

三、工作过程回顾及总结

1．在团队学习过程中，项目负责人给你分配了哪些工作任务？你是如何完成的？还有哪些需要改进的地方？

2．总结完成 PLC 控制电梯整机电气设备安装与调试任务过程中遇到的问题和困难，列举 2 ~ 3 点你认为比较值得和其他同学分享的工作经验。

3．回顾本学习任务的工作过程，对新学专业知识和技能进行归纳和整理，撰写工作总结。

评价与分析

按照客观、公正和公平原则，在教师的指导下按自我评价、小组评价和教师评价三种方式对自己或他人在本学习任务中的表现进行综合评价。综合等级按：A（90 ~ 100）、B（75 ~ 89）、C（60 ~ 74）、D（0 ~ 59）四个级别进行填写。

学习任务综合评价表

考核项目	评价内容	配分（分）	评价分数		
			自我评价	小组评价	教师评价
职业素养	劳动保护用品穿戴完备，仪容仪表符合工作要求	5			
	安全意识、责任意识强	6			
	积极参加教学活动，按时完成各项学习任务	6			
	团队合作意识强，善于与人交流和沟通	6			
	自觉遵守劳动纪律，尊敬师长，团结同学	6			
	爱护公物，节约材料，管理现场符合 6 S 标准	6			
专业能力	专业知识扎实，有较强的自学能力	10			
	操作积极，训练刻苦，具有一定的动手能力	15			
	技能操作规范，遵循安装与调试工艺，工作效率高	10			
工作成果	安装与调试符合工艺规范，质量高	20			
	工作总结符合要求	10			
总　　分		100			
总评	自我评价 ×20%+ 小组评价 ×20%+ 教师评价 ×60%=	综合等级	教师（签名）：		

学习任务二　微机控制电梯整机电气设备安装与调试

学习目标

1. 能读懂微机控制电梯整机电气设备安装与调试任务书，与项目组长进行专业沟通，明确工作目标、内容与要求。

2. 能进行现场勘察，开箱验收微机控制电梯整机电气设备，落实存放区域，并进行安全技术交底，设置施工通告牌。

3. 能根据任务书制订工作计划，包括人员组织、时间组织、技术组织等。

4. 能根据微机控制电梯整机电气设备原理图编制接线表，绘制接线图。

5. 能根据接线表对微机控制电梯整机电气设备进行安装固定和布线连接。

6. 能进行微机控制电梯整机电气设备的各项检查及慢、快车运行调试，进行故障和异常状况的诊断与排除。

7. 能规范填写微机控制电梯整机电气设备安装与调试过程报告。

8. 能总结工作经验，分析不足，提出改进措施。

9. 能与他人开展良好合作，进行有效沟通。

建议学时

110 学时

工作情景描述

某旧楼盘加装电梯，电梯控制方式为微机控制，安装工地已完成微机控制电梯整机机械设备的安装与调试，需对电气设备进行安装与调试。电梯整机为4层站，电气部分由上海新时达SM-01系列微机控制系统、轿厢板SM-02、指令控制板SM-03、召唤与显示板SM-04-VRF及其外围配套电气部件构成。现承接此项工程的电梯公司要求电气安装、调试人员进场，依据国家、行业标准要求完成微机控制电梯整机电气设备的安装与调试任务，使电梯正常运行，完成后交付验收。

工作流程与活动

学习活动1　明确工作任务（6学时）

学习活动2　施工前的准备（6学时）

学习活动3　制订工作计划（12学时）

学习活动4　安装实施（30学时）

学习活动5　调试实施（52学时）

学习活动6　工作总结与评价（4学时）

学习活动 1　明确工作任务

学习目标

1. 能读懂微机控制电梯整机电气设备安装与调试任务书，与项目组长进行专业沟通，明确工作任务。

2. 能通过获取微机控制电梯整机电气设备安装与调试资料，解读工作任务。

3. 能填写微机控制电梯安装与调试过程报告。

建议学时　6 学时

学习过程

一、获取安装与调试任务书

电梯安装、调试人员从公司项目组领取微机控制电梯整机电气设备安装与调试任务书，与项目组长进行专业沟通，了解工作任务的基本内容。

微机控制电梯整机电气设备安装与调试任务书

合同编号	SZJSXYWJ-2018-01		
使用单位		联系人	
工程地址		电话号码	
施工类别		施工日期	
设备名称		完工日期	
台数		额定载重	
施工人员			

续表

负责人	
施工说明	某旧楼盘加装电梯，已完成微机控制电梯整机机械设备的安装与调试，需对整机进行电气设备安装与调试，电梯整机为4层站，电气部分由主控制器SM-01-F5021、轿厢控制器SM-02-D、指令控制器SM-03-D、楼层显示控制器SM-04、群控控制器SM-GC及其外围配套电气部件构成。现承接此项工程的电梯公司要求电气安装、调试人员进场，根据《电梯制造与安装安全规范》(GB 7588—2003)、《电梯安装验收规范》(GB 10060—2011)、《电梯工程施工质量验收规范》(GB 50310—2002)的要求，完成机房、轿顶、轿厢、井道及通信线路、门系统电气回路等的安装，并进行慢、快车运行调试，排除故障，使电梯正常运行
签发人	年　月　日

二、获取相关资料

获取微机控制电梯整机电气设备安装与调试资料。

微机控制电梯整机电气设备安装与调试资料

微机控制电梯整机电气设备安装与调试资料列表

序号	名称	已收集打"√"
1	电气原理图	□
2	安装与调试手册	□
3	《电梯制造与安装安全规范》(GB 7588—2003) 《电梯安装验收规范》(GB 10060—2011) 《电梯工程施工质量验收规范》(GB 50310—2002)	□

三、解读工作任务

1．实物对照识别。

SmartCom.NET是32位网络化智能型串行通信电梯专用控制系统，该系统主要包括32位主控制器SM-01-F5021、轿厢控制器SM-02-D、指令控制器SM-03-D、楼层显示控制器SM-04、群控控制器SM-GC等。根据上述信息指出下列电路板的名称。

实物对照识别

图示	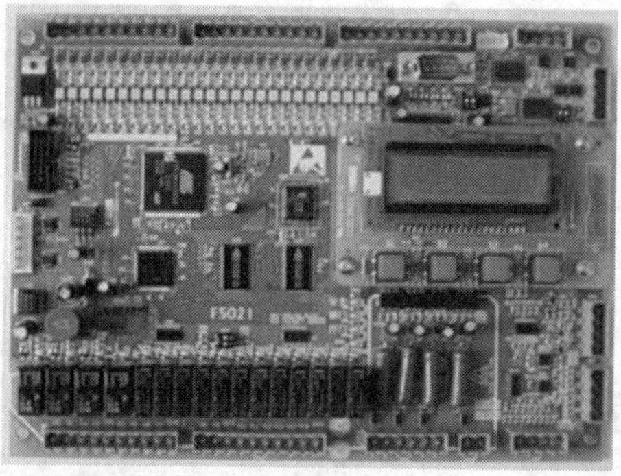	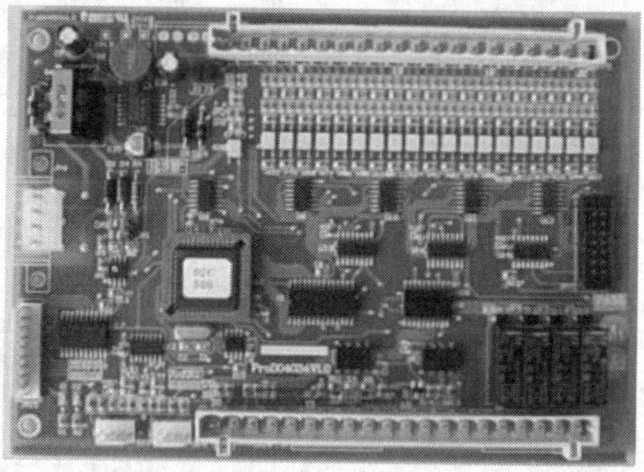
名称		
图示	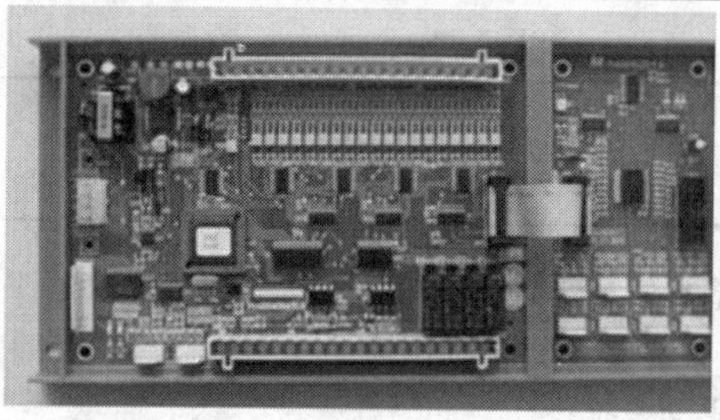	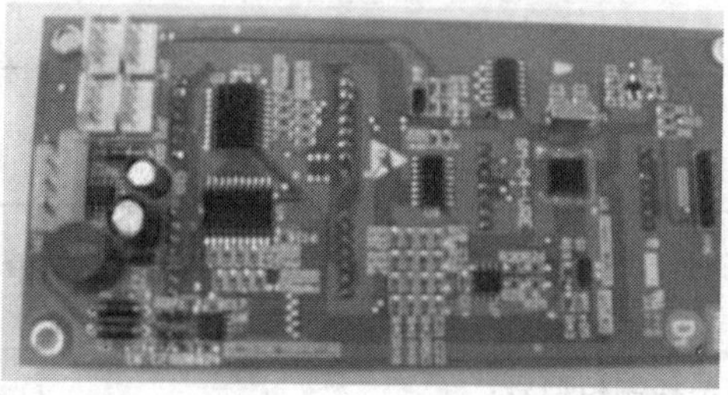
名称		

2．微机控制电梯整机电气系统主要包括哪几个回路？各有什么特点？

四、填写微机控制电梯整机电气设备安装与调试过程报告

根据相关资料填写微机控制电梯整机电气设备安装与调试过程报告的封面和设备基本信息页。

合同编号：
工地名称：
工地地址：
电梯型号：
安装负责人：
开工日期：
完工日期：
调试开始日期：
调试人员：

合格确认（此手册全部确认合格后填写此项）

安装监督： 确认日期：

微机控制电梯整机电气设备安装与调试过程报告（封面）

电梯基本信息

额定载重：________ 额定速度：________ 电梯用途：________
控制柜型号：________ 驱动系统：________
交流电压：________ 相数：________ 频率：________

机房位置：上面（ ） 下面（ ） 旁边（ ） 无机房（ ）
对重位置：后对重（ ） 侧对重（ ）
曳引机型号：________ 电源：________ 电压：________
转速：________ 功率：________ 曳引机电流：________
主开关设置的最大电流：________ 原理图号：________

曳引绳数量：________ 直径尺寸：________
曳引比：1:1（ ） 1:2（ ） 2:1（ ）
补偿链数量：________ 类型（绳或链）：________
提升高度：________ 站数：________ 层数：________ 门数：________
轿厢轨距：________ 对重轨距：________
导靴类型：滚动（ ） 滑动（ ） 混合（ ）

微机控制电梯整机电气设备安装与调试过程报告（设备基本信息页）

学习活动2　施工前的准备

学习目标

1. 能通过现场勘察，了解实际施工情况。
2. 能进行微机控制电梯整机电气设备开箱检验。
3. 能合理安排仓库存放区域，并绘制布局图。
4. 能进行安全技术交底、设立施工通告牌等开工前的准备工作。

建议学时　6学时

学习过程

一、引导问题

根据收集到的微机控制电梯电气原理图填写元器件清单，以供现场勘察时核对相关信息。

元器件清单

序号	元器件名称	规格	数量	实物位置描述	备注
1					
2					
3					
4					
5					
6					

续表

序号	元器件名称	规格	数量	实物位置描述	备注
7					
8					
9					
10					
11					
12					
13					
14					
15					
16					
17					
18					
19					
20					
21					
22					
23					
24					
25					
26					
27					
28					
29					
30					
31					
32					
33					
34					

续表

序号	元器件名称	规格	数量	实物位置描述	备注
35					
36					
37					
38					
39					
40					
41					
42					
43					
44					
45					
46					
47					
48					
49					
50					

二、现场勘察

现场勘察施工条件，填写电梯安装进场施工条件勘察记录表。

电梯安装进场施工条件勘察记录表

项目名称		项目地址	
合同编号		甲方代表及联系方式	
电梯型号		安装队联系人	
安装形式	大包 □　买断□　派工□		
项目	记录	项目	记录
现场井道尺寸与土建图纸是否相符		发货日期	

续表

项目	记录	项目	记录
牛腿情况		机房布置图及位置	
底坑环境		井道内有无凸出梁	
安装电源情况		井道内有无凸出钢筋	
有无现场货物存储区域及工具仓库		有无卸货通道、卸货空间	
层门入口是否有其他物品		井道内是否有钢管或其他物件	
电梯能否开工	能□　不能□		
影响发货问题摘要：			
项目负责人意见：			
该项目上述安装梯共计　　台，电梯预计在　　年　　月　　日发货，请安排安装组长或项目经理去现场进行电梯（扶梯）土建情况勘察，如实填写电梯安装进场施工条件勘察记录表，若需整改请与用户或总包方确认土建整改进度及完工日期并签字确认，确定发货的电梯符合整改的土建情况 将电梯安装进场施工条件勘察记录表按实际情况填写完成后，于　　年　　月　　日前传至公司安装管理部，若因勘察人没有到现场勘察而虚报符合发货情况导致发货后电梯不能安装、延误工期，其责任由勘察人所属安装公司（安装队）负责，承担相关损失。收到本通知单后须当日签字确认后立即传回公司			

三、微机控制电梯整机电气设备开箱检验

进行微机控制电梯整机电气设备开箱检验并填写下表。

微机控制电梯整机电气设备开箱检验表

用户名称		电梯编号	
安装地点		电梯类型	
梯速		层站	
检查以下内容，若有缺失，应予以说明			

续表

包装情况	各包装箱应完好无损	检查结果
随机文件	1．产品合格证 2．装箱单 3．土建布置图 4．使用维护说明书 5．电梯调试说明书 6．控制系统电气原理图 7．安全部件型式试验合格证 8．电梯安装说明书 9．安装用标识	
机械部件	层门锁闭装置、绳头组合、上行超速保护装置、双向限速器、安全钳、缓冲器等	
缺损检验	各包装箱内零部件的型号、规格和数量应与装箱单完全一致，材料、零部件表面无损伤、锈蚀及其他异常现象	
电梯零部件缺损反馈信息		
验收人员		
验收意见		

注：包装箱内部零件的型号、规格和数量应与装箱单完全一致，对机械部件及缺损检验发现的不符合情况应做说明，属零部件损坏的要说明损坏程度，并在货到签收 10 日内将信息反馈给厂家

四、仓库存放区域安排与布局图绘制

安排设备及材料存放区域，并绘制布局图。

五、设置施工通告牌及进行安全技术交底

1．设置施工通告牌

按照学习任务一的施工通告牌样式，设置电梯安装工地安全管理制度通告牌。

2．进行安全技术交底

安装作业开始前，由班组长及组员共同进行安全技术交底。

安全技术交底

工程名称：

工地负责人：

填表人：

基本交底内容（自行设计）	交底人	被交底人
1.		
2.		
3.		
4.		
5.		
6.		
7.		
8.		
9.		
10.		
11.		
12.		
13.		
14.		
15.		

学习活动 3　制订工作计划

学习目标

1. 能根据微机控制电梯整机电气设备安装与调试任务书制订工作计划，包括人员组织、时间组织、技术组织等。

2. 能根据微机控制电梯整机电气设备原理图编制接线表，绘制接线图。

建议学时　12 学时

学习过程

一、引导问题

对照图纸及实物，回答下列引导问题。

1．试分析微机控制电梯主回路中 C1 和 C2 的功能。

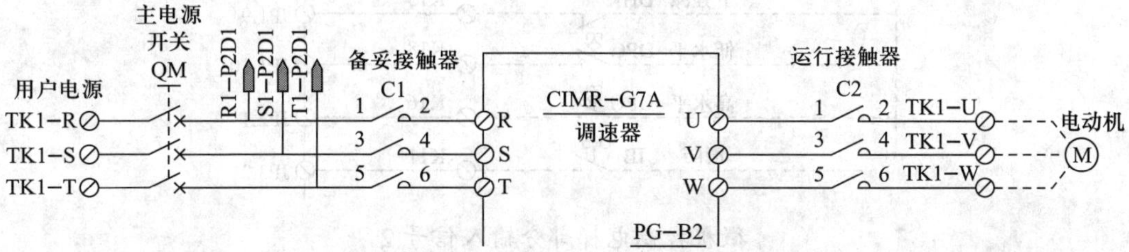

微机控制电梯主回路参考图

2．微机控制电梯整机电气设备的电源回路分别提供何种电压等级的电源？

3．简述下列电路的作用。

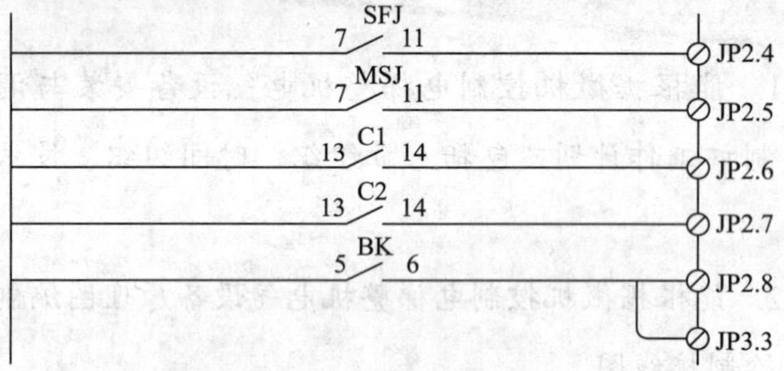

微机控制电梯部分输入信号 1

4．简述下列电路的作用。

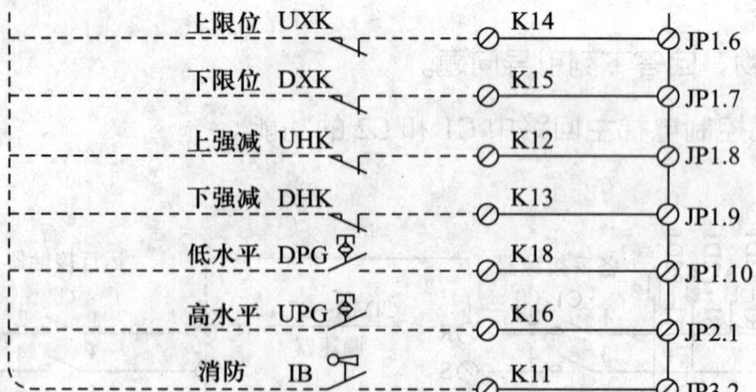

微机控制电梯部分输入信号 2

二、制订工作计划

对工作任务进行细致分析，制订微机控制电梯整机电气设备安装与调试工作计划并做出决策。

微机控制电梯整机电气设备安装与调试工作计划表

项目名称			
组长		安全负责人	
安装组成员			

组织方案

工作内容	负责人员	完成时间

工具、材料、设备、仪表清单

序号	名称	规格	数量	备注
1				

续表

序号	名称	规格	数量	备注
2				
3				
4				
5				
6				
7				
8				
9				
10				
11				
12				
13				
14				
15				
16				
17				
18				
19				
20				

续表

微机控制电梯整机电气设备安装与调试流程

图例：

流程图元素	名称	流程图元素	名称
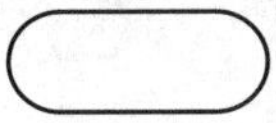	起始与完成		流程
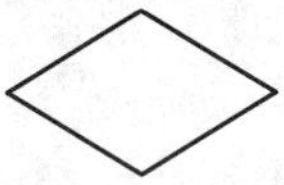	判断	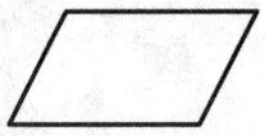	数据
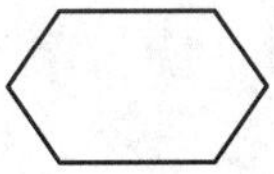	准备		连接线

安装与调试流程图：

续表

安装、调试工作日志表及实施进程表
1. 设计安装、调试工作日志表 要求：安装、调试工作日志应写明施工日期、当日施工的部位、施工内容、施工进度、人员安排、作业动态、材料进/出场情况、材料检验情况、是否有技术变更、质量控制情况、安全施工情况、上级或政府相关部门有无来现场检查施工生产情况等
2. 制作安装实施进程表 要求：利用甘特图表示期间计划和实际完成情况，应具体反映施工计划与实际进度

三、编制接线表

根据安装图纸及现场勘察结果填写微机控制电梯整机电气设备安装接线表（样表）。

微机控制电梯整机电气设备安装接线表（样表）

序号	从		到		原理图页码
	部件名称	位置	部件名称	位置	
1					
2					
3					
4					
5					
6					
7					
8					
9					
10					
11					
12					
13					
14					
15					
16					
17					
18					
19					
20					

四、绘制接线图

根据控制柜实物端子的分布情况，绘制主回路、电源回路和微机控制回路接线图。

主回路接线图：

电源回路接线图：

微机控制回路接线图：

学习活动4　安 装 实 施

学习目标

1. 能正确领用工具、材料及仪器仪表，并填写领料单。
2. 能规范安装微机控制电梯整机电气设备。
3. 能按照规范填写电梯安装过程报告。

建议学时　30学时

学习过程

一、领料

根据工作计划领料，主要是工具、材料、设备、仪表等，并填写领料单。

领料单

NO.　　　　　　　　　　　　　　　　　　　　　　　　　年　　月　　日

名称	规格、型号	领料人	备注	
				一联　领料人留存

续表

名称	规格、型号	领料人	备注	
				一联 领料人留存

二、引导问题

1．微机控制电梯机房电气系统包括哪些零部件？

2．微机控制电梯轿厢电气系统包括哪些零部件？

3．微机控制电梯层站电气系统包括哪些零部件?

4．微机控制电梯井道电气系统包括哪些零部件?

5．微机控制电梯常用通信方式有哪些?

6．简述安装通信线的注意事项。

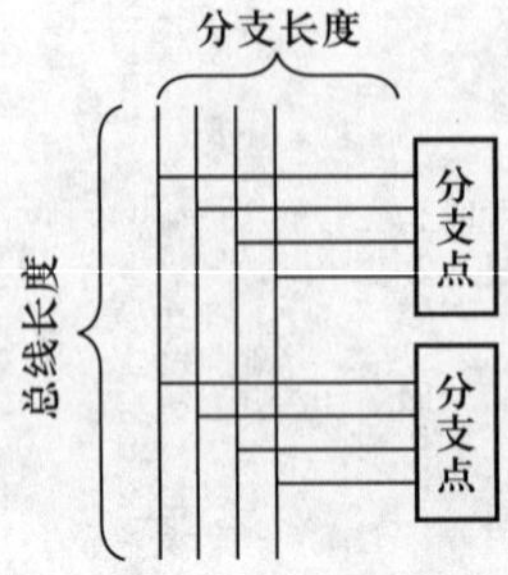

总线分支结构示意

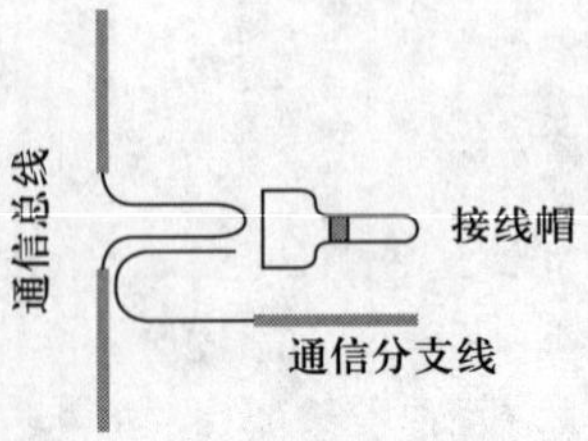

通信线的结构

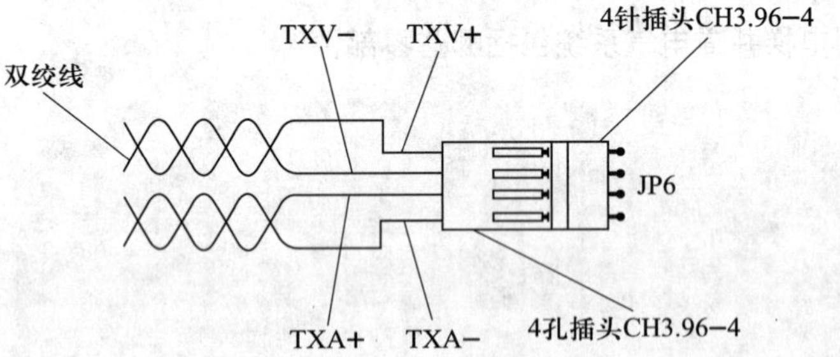

通信线的连接

三、微机控制电梯整机电气设备安装

实施微机控制电梯整机电气设备的安装，并填写电梯安装过程报告。

电梯安装过程报告

项目名称：
工位号：
施工负责人：

机房

序号	项目（完成在“□”内打“√”）	潜在危险	危险控制	施工负责人或组员
1	机房及隔层清洁、无垃圾，安全标志张贴正确 □	坠落、挤压、触电	1. 对于有高台的机房，首先确认有安全爬梯和护栏 2. 拉闸锁闭	
2	主电源开关能锁闭并有标签，接线牢固、规范 □			
3	在机房张贴正确的线路图 □			
4	电梯动力线、控制线和信号线分开敷设，屏蔽及接线工艺标准、规范 □			
5	所有线槽口都有保护，线槽和接线盒装有盖板 □			
6	挂好抱闸扳手及盘车轮，标注盘车轮的方向，并附正确的使用说明 □			
7	机房必须有足够的照明和足够有效的通风设备 □			
8	控制柜各部件安装正确，并有警示标志 □			
9	控制柜配线整齐、接线牢固，进线口和高压部分有保护 □			
10	使用合适规格的一次性熔断器和断路器 □			
11	保持各控制柜内的风扇工作正常，保持控制柜内各部件及印制电路板清洁 □			
12	限速器电气开关灵活、可靠 □			

续表

轿顶

序号	项目（完成在“□”内打“√”）	潜在危险	危险控制	施工负责人或组员
1	轿顶照明安装正确且有保护罩，指示灯工作正常 □	坠落、触电	确认轿顶防护栏完好，遵守进出轿顶程序	
2	轿顶各安全装置及开关安装正确且灵活、有效，安全窗锁闭 □			

轿厢

序号	项目（完成在“□”内打“√”）	潜在危险	危险控制	施工负责人或组员
1	轿内操纵箱电气线路安装正确、工艺规范 □	坠落、触电	遵守轿厢线路安装规范	
2	内召及层楼显示电气线路安装正确、工艺规范 □			
3	内部通话装置电气线路安装正确、工艺规范 □			
4	安全触板电气线路安装正确、工艺规范 □			
5	平层感应器电气线路安装正确、工艺规范 □			
6	超载、满载、轻载开关线路安装正确、工艺规范 □			
7	内呼按钮板及螺钉安装齐全，操作有效、可靠，灵敏度高 □			

井道

序号	项目（完成在“□”内打“√”）	潜在危险	危险控制	施工负责人或组员
1	井道呼梯盒、层楼显示器等电气线路安装正确、工艺规范 □	坠落、挤压、触电	确认轿顶防护栏完好，遵守进出轿顶工作程序，遵守进出底坑工作程序	
2	井道端站保护开关电气线路安装正确、工艺规范 □			
3	底坑检修盒电气线路安装正确、工艺规范 □			

续表

通信线路安装				
序号	项目（完成在“□”内打“√”）	潜在危险	危险控制	施工负责人或组员
1	通信线材选择正确 □	坠落、挤压、触电	遵守通信线路安装规范	
2	通信线材安装正确、工艺规范 □			

门系统电气回路安装				
序号	项目（完成在“□”内打“√”）	潜在危险	危险控制	施工负责人或组员
1	门电动机及其变频器安装正确、工艺规范 □	坠落、挤压、触电	遵守门系统电气回路安装规范	
2	门系统电气回路各开关安装正确、工艺规范 □			
3				

其他				
序号	项目（完成在“□”内打“√”）	潜在危险	危险控制	施工负责人或组员
1				
2				

学习活动5 调 试 实 施

学习目标

1. 能进行微机控制电梯慢车运行调试。
2. 能进行微机控制电梯快车运行调试。
3. 能熟练排除微机控制电梯调试过程中遇到的典型故障。

建议学时 52学时

学习过程

一、微机控制电梯慢车运行调试

1．运行调试前的检查

（1）引导问题

1）微机控制电梯慢车运行调试通电前需要进行哪些检查?

2）简述以下电气回路的电气检查方法。

①主回路

测量点举例：

测量仪表及挡位：

描述正常现象：

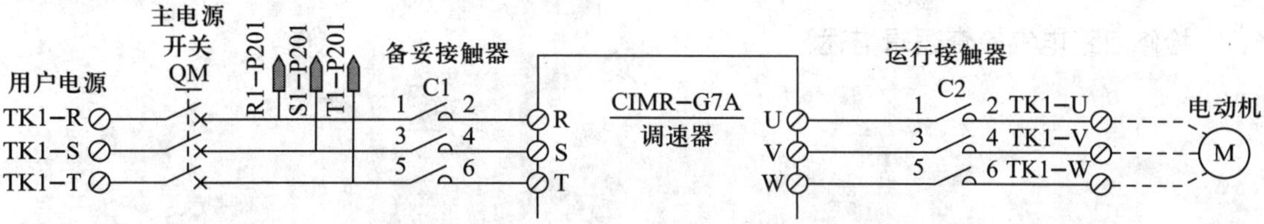

微机控制电梯主回路

②安全、门锁回路

安全回路测量点：

测量仪表及挡位：

描述正常现象：

门锁回路测量点：

测量仪表及挡位：

描述正常现象：

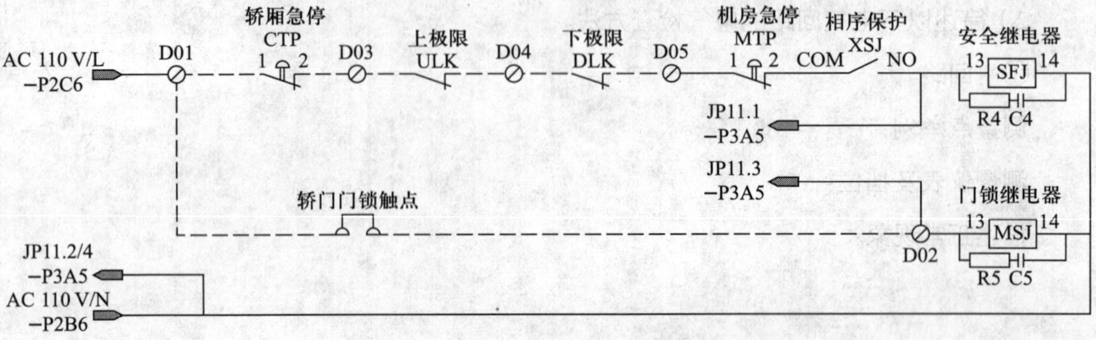

微机控制电梯安全、门锁回路

③检修回路

检修回路电气检查逻辑描述：

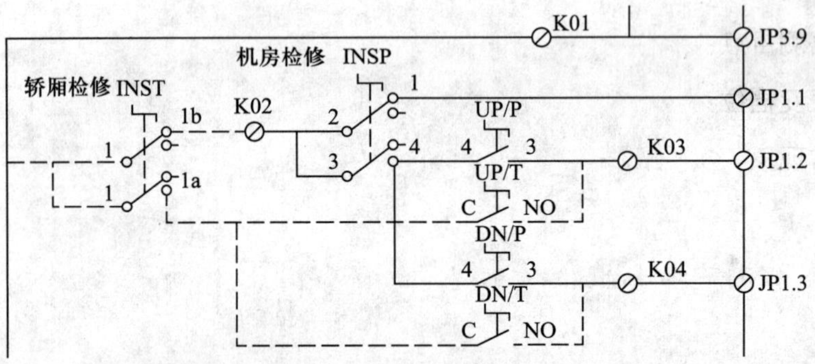

微机控制电梯检修回路

3）举例说明微机控制电梯调试过程中的绝缘检查方法及判断是否合格的标准。

4）举例说明微机控制电梯调试过程中的接地检查方法及判断是否合格的标准。

5）举例说明微机控制电梯调试过程中的电压符合性检查方法及判断是否合格的标准。

（2）实施微机控制电梯慢车运行调试前的检查

实施微机控制电梯慢车运行调试前的检查，并填写检查报告。.

微机控制电梯慢车运行调试前的检查报告

设备编号：
检查日期：

电气检查

检查项目	记录值 / 是否合格（合格打“√”）	检查人
主回路	□	
安全、门锁回路	□	
旋转编码器回路	□	
检修回路	□	
安全监察回路	□	
端站保护回路、平层回路等	□	
抱闸回路	□	
发动机三相电阻测量	R_{U-V}= R_{V-W}= R_{U-W}= 是否平衡：是□ 否□	

绝缘检查

检查项目	是否合格（合格打“√”）	检查人
L1、L2、L3 与 PE 之间	□	
抱闸接触器 A1、A2 与 PE 之间	□	
旋转编码器 12 V、0 V、A、B 与 PE 之间	□	
24 V、0 V 与 PE 之间	□	
安全回路与门锁回路各端子与 PE 之间	□	
电动机三相 U、V、W 与 PE 之间	□	

接地检查

检查项目	是否合格（合格打“√”）	检查人
变频器接地点与 PE 之间	□	
电磁制动器接地点与 PE 之间	□	
控制柜壁及门与 PE 之间	□	
旋转编码器线缆外用金属软管进柜端与 PE 之间	□	
开关电源接地点与 PE 之间	□	
线槽最末端与 PE 之间	□	
限速器接地点与 PE 之间	□	
轿厢壁与 PE 之间	□	
层门电气门锁接地点与 PE 之间	□	
井道底坑各安全开关接地点与 PE 之间	□	

续表

通电后电压符合性检查

检查项目	记录值 / 是否合格（合格打“√”）	检查人
R1、S1、T1 之间的电压	U_{R1-S1}= U_{S1-T1}= U_{R1-T1}= □	
AC 220V L 与 AC 220V N 之间的电压	U= □	
AC 110V L 与 AC 110V N 之间的电压	U= □	
DC 110V V+ 端子与 0V 端子之间的电压	U= □	
DC 24V V+ 端子与 0V 端子之间的电压	U= □	

（3）慢车运行调试前的检查汇报

以小组为单位对慢车运行调试前的检查进行汇报（提交电子文档）。

2．慢车运行调试

（1）引导问题

1）什么是慢车运行？

2）慢车运行的电气条件有哪些？

3）如何确认上、下限位开关，上、下强迫减速开关工作正常？

（2）实施微机控制电梯慢车运行调试

实施微机控制电梯慢车运行调试，并填写调试过程报告。

微机控制电梯慢车运行调试过程报告

序号	操作及检查	主板输入、输出点情况及电梯运行情况	检查结果
1	合上总电源开关，将控制柜急停开关复位		
2	检查安全回路电压是否正常		
3	将控制柜急停按钮复位，检查安全回路是否畅通		
4	检查门锁回路是否畅通		
5	检查上、下限位回路是否畅通		
6	检查上、下强迫减速回路是否畅通		
7	检查检修回路接线是否有误		
8	检查各项监察信息回馈是否正常		
9	检修时，按上行按钮		
10	检修时，按下行按钮		

完成慢车运行调试时间：
调试工程师签名：

二、微机控制电梯快车运行调试

1．运行调试前的检查

微机控制电梯在完成慢车运行调试后，电梯的主回路、安全回路、门锁回路、检修回路及主要的安全保护电路接线正确，无短路及断路故障，电路已经工作正常。在进行电梯的快车运行调试前需要确认电梯的串行通信回路、门系统电气回路、轿厢显示器、端站安全开关是否工作正常，完成上述检查后，通过调整电梯的参数，正确设置电梯的功能，即可进行快车运行调试。

微机控制电梯快车运行调试前的检查报告

设备编号：
检查日期：

串行通信回路检查

检查项目	检查步骤	检查结果
关闭总电源开关，检查通信线	测量通信线 V+、V−、A+ 和 A− 与其他电源线之间的电阻值，应接近无穷大	
	测量通信线 V+、V−、A+、A− 与 PE 之间的电阻值，应接近无穷大	
	测量通信线 A+ 、A− 之间的电阻值	
	确认轿厢内 SM−04 板上的终端电阻跨线 JP5 是否接上，确认最低一层的井道模块 SM−04 板上的 JP5 跨线是否接上	
	只接井道通信模块，通信线 A+、A− 之间的电阻值应为 120 Ω 左右	
	只接轿厢通信模块，通信线 A+、A− 之间的电阻值应为 120 Ω 左右	
	全部井道和轿厢通信模块接上后，通信线 A+、A− 之间的电阻值应为 60 Ω 左右	

门系统电气回路检查

序号	检查步骤	检查结果
1	合上熔断器 FU1、FU2、FU3、FU4	
2	合上电梯电源	
3	复位控制柜急停开关	
4	合上控制柜门机电源开关，将轿顶检修 / 自动开关转至检修位置	
5	测量变频门机板电源端子之间的电压，应为 220 V（AC），波动为 ±7%	

续表

序号	检查步骤	检查结果
6	按照门机说明书进行门机调试 1．检查开、关门动作 A．将门机设置成自动状态，门处于关闭状态 B．用手按开门继电器，门机执行开门动作 C．用手按关门继电器，门机执行关门动作 D．让门处于完全打开的位置，用手按轿顶上行或下行按钮，此时门机应自动关闭 2．检查开、关门到位动作 A．使电梯停在平层位置，把检修/自动开关转到正常位置，门处于关闭状态 B．观察操作器上是否显示为自动状态 C．让操作器处于输入状态监视栏，观察开门到位显示“ON”，关门到位显示“OFF” D．用手按开门继电器，门机执行开门动作，关门到位显示“OFF”，开门到位显示“ON” E．用手按关门继电器，门机执行关门动作，关门到位显示“ON”，开门到位显示“OFF”	

轿厢显示器检查

序号	检查步骤	检查结果
1	关闭电梯电源，接上轿厢通信线，然后合上电梯电源开关	
2	确认轿厢显示器显示正常，且随控制柜操作器上的显示改变而同时改变	
3	将S1跨接线端子短接，应先确认层显显示为S0，才能将S1跨接线去除	

端站安全开关检查

检查项目	检查步骤	检查结果
终端强迫减速开关的检查和调整	将电梯上行至上终端强迫减速开关处，开关应动作，此时轿厢地坎应低于顶层层门地坎	
	将电梯下行至下终端强迫减速开关处，开关应动作，此时轿厢地坎应高于底层层门地坎	
	调整完成后，将所有接线恢复至调整前的状态	

续表

检查项目	检查步骤	检查结果
限位及极限开关位置的检查	在操作器上输入检修速度为0.05 m/s。若采用多段速度指令系统，则变频器中的某些参数也应进行相应调整	
	以0.05 m/s的速度将轿厢向上运行，直至上限位开关动作，此时轿厢地坎应高出顶层层门地坎50 mm	
	以0.05 m/s的速度将轿厢向下运行，直至下限位开关动作，此时轿厢地坎应低于底层层门地坎50 mm	
	将上、下极限开关跨接后，将轿厢以0.05 m/s的速度向上运行直至上极限安全开关动作，此时轿厢地坎应高出顶层层门地坎130 mm	
	将轿厢以0.05 m/s的速度向下运行直至下极限安全开关动作，此时轿厢地坎应低于顶层层门地坎130 mm 调整完成后，将跨接线去掉，恢复原来的接线	

2．快车运行调试

进行快车运行调试，并填写微机控制电梯快车运行调试过程报告。

微机控制电梯快车运行调试过程报告

设备编号：
检查日期：

井道自学习

序号	调试步骤	调试结果
1	将电梯检修速度设定为0.25 m/s，电梯处于机房检修状态	
2	自学习前，先将电梯开到底层有一个以上平层开关动作的位置即可，而不是必须开到下限位开关动作点位置（到下限位开关动作点位置也可以），但此时单层下行终端强迫减速开关必须动作，并确认F5021主板上的相关信号正确	
3	保持安全回路畅通	
4	确认电梯能安全地在井道全程行驶	

续表

序号	调试步骤	调试结果
5	将电梯转到自动状态，再通过操作器进入自学习菜单并确认后，电梯会自动关门，开始自动向上低速运行，从而进行井道参数自学习，自学习过程中自动记录各平层插板的位置和上、下终端强迫减速开关的位置（如果安装后没有做过自学习，转到自动状态后主板会自动关门自学习，无须人为操作）。在井道自学习模式，操作器将自动显示相关的楼层指示、速度等信息	
6	当电梯行驶至上限位开关后，系统自动结束井道自学习程序，操作器显示井道自学习结束界面。保存井道自学习的数据后，将操作器的显示退至状态窗口	

检修状态下将电梯开至1楼　　电梯在1楼　　至少应有1个以上平层开关动作

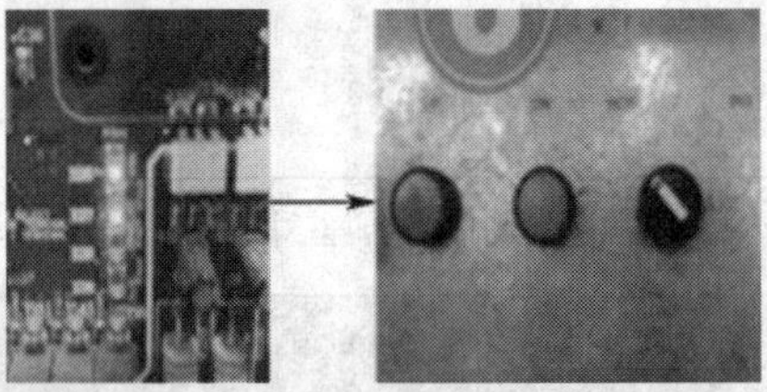

确保安全回路与门锁回路正常　　将电梯恢复至自动状态

手持操作器与主板的连接

续表

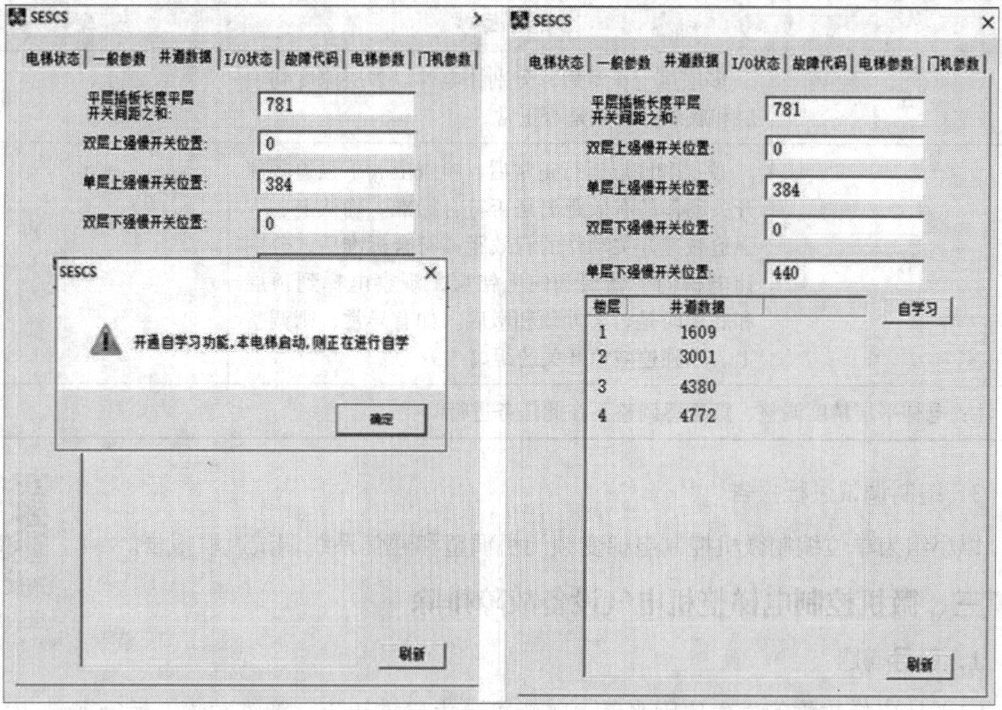

利用上位计算机进行井道自学习时的界面

快车运行

序号	调试步骤	调试结果
1	轿厢、轿顶、井道和底坑等处不要留人，所有层门和轿门都关好，确认安全回路和门锁回路正常	
2	在机房将电梯慢车运行至中间楼层，转为自动状态，在控制柜中执行单层指令，电梯以单层速度运行，观察反馈曲线、平层信号及曳引机状态等，看其是否能正常启动、加速、减速、平层和停车。如有异常，则调整相关参数	
3	单层运行正常后，执行双层指令，电梯以双层速度运行，观察反馈曲线、平层信号及曳引机状态等，看其是否能正常启动、加速、减速、平层和停车。如有异常，则调整相关参数	
4	双层运行正常后，再执行多层指令，让电梯以多层速度运行，看其是否能正常启动、加速、减速、平层和停车。如有异常，则调整相关参数	

续表

序号	调试步骤	调试结果
5	多层运行正常后，分别让电梯以多层速度到顶层和底层，看其是否正常	
6	顶层和底层运行正常后，检查上、下强迫减速开关动作的有效距离是否符合标准。确认上、下强迫减速开关动作的有效距离符合标准后，分别让电梯向下错层和向上错层，观察电梯到顶层和底层时是否会冲顶和墩底。如有异常，则调整上、下强迫减速开关的距离	

注：电梯平层精度调整、舒适感调整不在此任务进行

3．编制调试过程报告

以小组为单位编制微机控制电梯变频门机调整和通信系统调试过程报告。

调试过程报告撰写要求

三、微机控制电梯整机电气设备故障排除

1．引导问题

（1）从电梯故障的发生原因来看，一般可分为显性故障、隐性故障、运行条件出错三类，分别描述这三类故障，并举例说明。

显性故障：

隐性故障：

运行条件出错：

（2）简述电梯的复位方式并举例。

电梯的复位方式

自动复位	
检修复位	
检修并自学习复位	
断电复位	

（3）分析微机控制电梯电路原理图，利用故障树分析法绘制从故障现象出发的故障树。

故障树分析（Fault Tree Analysis，简称 FTA）又称为事故树分析，是安全工程中最重要的分析方法。事故树分析从一个可能的事故开始，自上而下、逐层寻找直接原因事件和间接原因事件，直到基本原因事件，并用逻辑图把这些事件之间的逻辑关系表达出来。

故障树是一种特殊的倒立树状逻辑因果关系图，它用事件符号、逻辑门符号和转移符号描述系统中各种事件之间的因果关系。逻辑门的输入事件是输出事件的“因”，逻辑门的输出事件是输入事件的“果”。

故障树分析法排故举例

故障树一：

故障树二：

2．从故障点出发的排故训练

人为设定故障点，观察故障现象，进行故障分析和故障诊断，进而排除故障。

F5021 控制板输入/输出信号灯分布及部分信号灯的含义

从故障点出发的排故训练

安全回路

故障点设置	故障现象	故障分析	故障排除方法	复位方式

门锁回路

故障点设置	故障现象	故障分析	故障排除方法	复位方式

续表

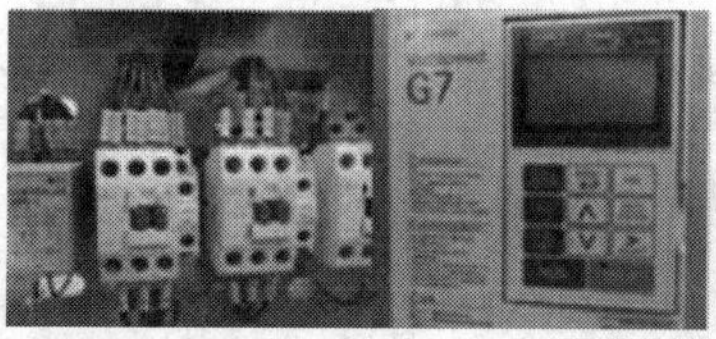

C1 接触器未吸合、变频器不得电

F5021 主板输入点观察

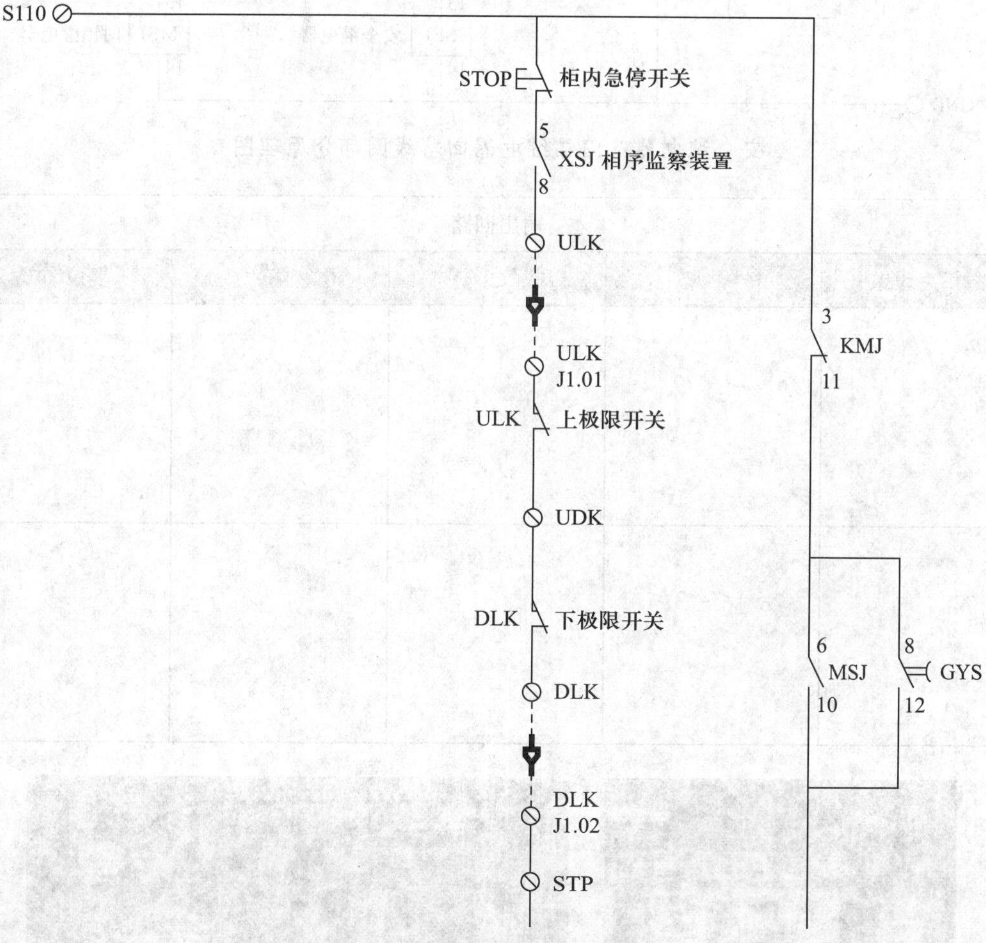

安全回路与门锁回路的条件

续表

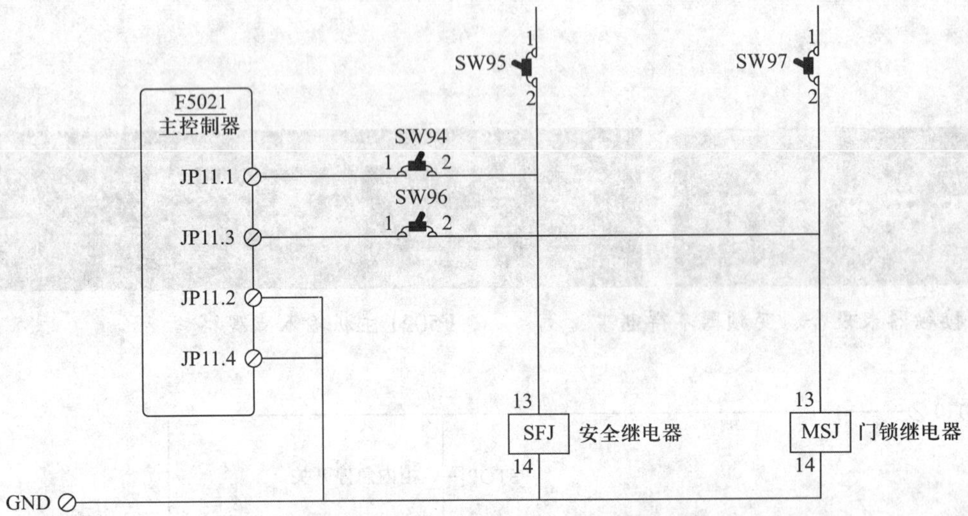

安全继电器及门锁继电器回路线圈部分原理图

输出回路

故障点设置	故障现象	故障分析	故障排除方法	复位方式

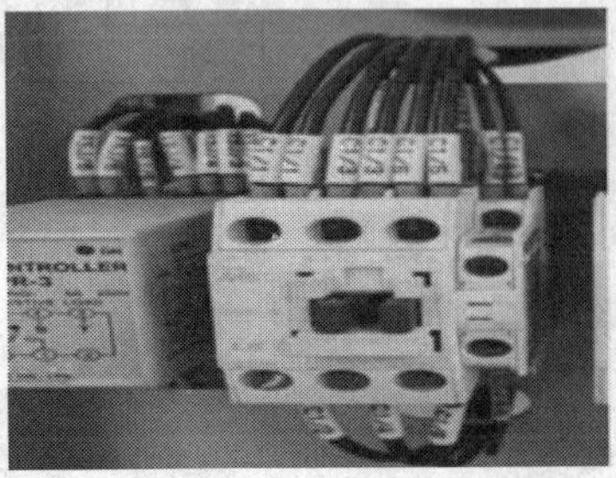

观察接触器状态和主板输入、输出指示灯状态

续表

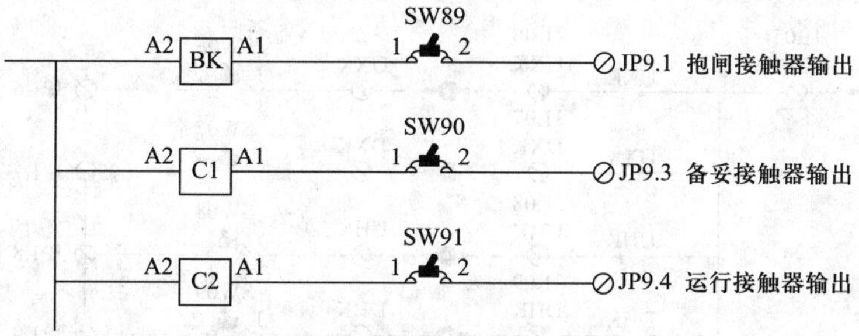

抱闸接触器、备妥接触器、运行接触器相关原理图

监察回路

故障点设置	故障现象	故障分析	故障排除方法	复位方式

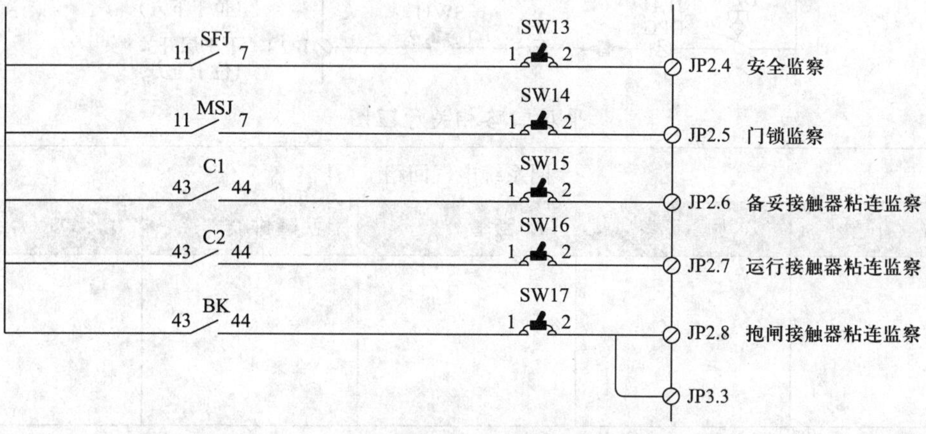

监察回路相关原理图

端站保护回路

故障点设置	故障现象	故障分析	故障排除方法	复位方式

续表

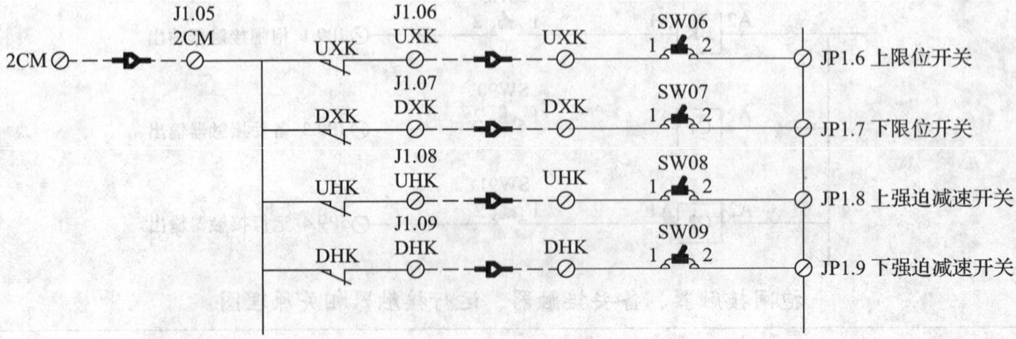

端站保护回路相关原理图

平层回路

故障点设置	故障现象	故障分析	故障排除方法	复位方式

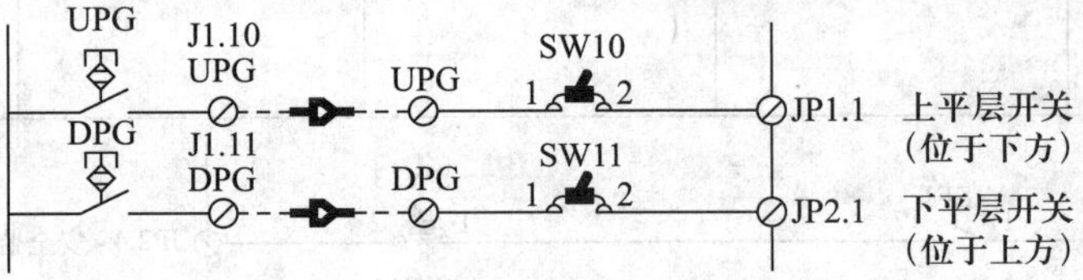

平层回路相关原理图

门系统电气回路

故障点设置	故障现象	故障分析	故障排除方法	复位方式

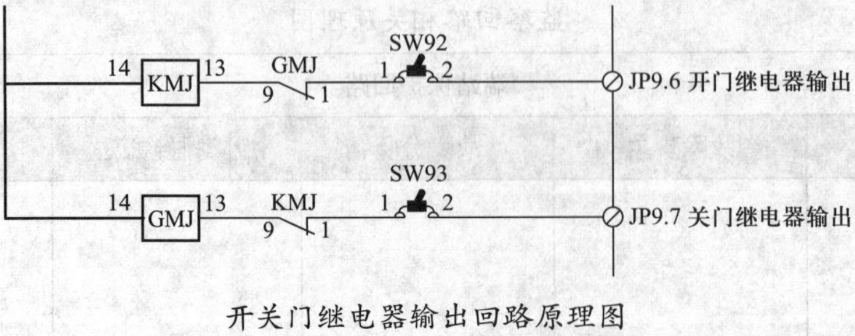

开关门继电器输出回路原理图

3．从故障现象出发的排故训练

组内互设故障点，观察故障现象，进行故障分析和故障排除。

从故障现象出发的排故训练

故障现象一：主板输入指示灯 X13 和 X26 不亮

当电梯上电复位后，电梯不能启动，经维修人员检查，发现接触器 C1 未吸合，且电路板 F5021 上端输入指示灯 X13 和 X26 不亮

故障分析、排除方法：

记录人：

故障现象二：主板输入指示灯 X14 和 X27 不亮

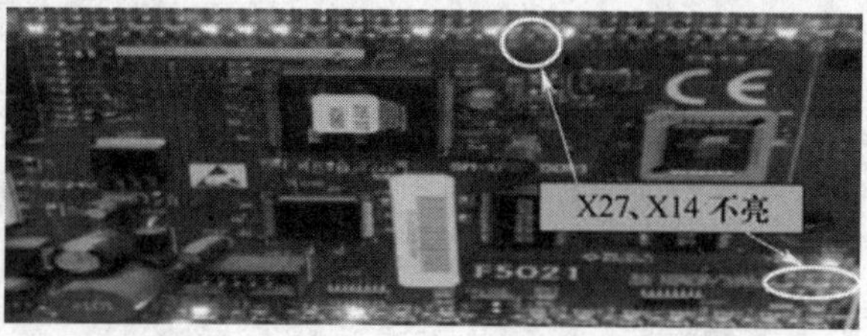

电梯不能启动，经检查：

1．电梯电源正常

2．输入指示灯 X26、X13 正常，接触器 C1 吸合

3．门关到位后，又重新开门，并重复开、关门动作

4．电梯可以进行指令登记，能正常定向，但无法启动运行

5．门锁回路检测点指示灯 X27 不亮，门锁继电器触点检测点指示灯 X14 不亮

故障分析、排除方法：

记录人：

续表

故障现象三：楼层显示乱码，主板输入指示灯 X7 不亮

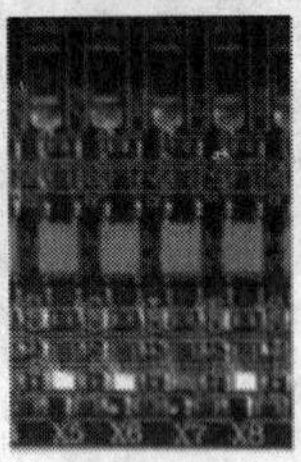

电梯在 2 楼，按下 3 楼厅外下召按钮，正常情况下电梯应响应 3 楼厅外召唤，而此时电梯却只下不上，且楼层数码显示为 4 楼，显示乱码，故障现象如下：

1．电梯轿厢位于 2 楼，但层楼显示为 1 楼，层楼显示错误

2．电梯不能启动，开门按钮处于常亮状态，按关门按钮，电梯不能关门，指令不能登记

3．主板上的输入指示灯 X7 不亮

故障分析、排除方法：

记录人：

故障现象四：备妥接触器 C1 吸合后又断开，运行接触器 C2 不吸合

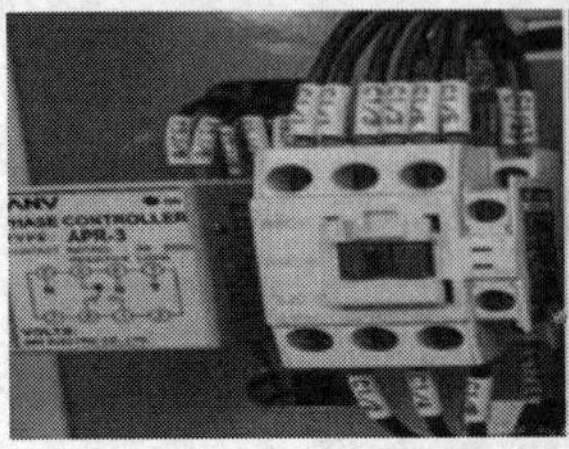
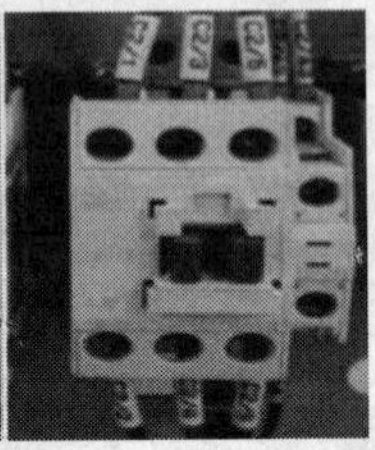

当检修状态下按上行或下行按钮时，C1 吸合，C2 不吸合，过一会儿 C1 断开，变频器失电

续表

故障分析、排除方法：

记录人：

故障现象五：按下关门按钮后，关门不到位，门锁输入指示灯不点亮

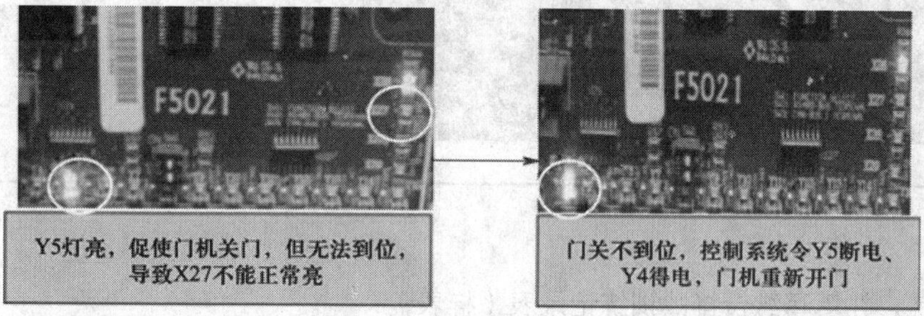

电梯不能正常关门，故障现象如下：

1. 电梯在平层区停梯并能正常开门

2. 给出指令信号后，电梯能登记呼叫信号，并能定向

3. 当按下关门按钮后，电梯不能正常关门，电梯不能启动

故障分析、排除方法：

记录人：

续表

故障现象六：主板指示灯 X0、X1、X2、X13、X14、X15、X16、X17 都不亮

故障分析、排除方法：

记录人：

故障现象七：电梯处于检修状态时，按上行或下行按钮，接触器 BK 不吸合，接触器 C1、C2 吸合后又断开

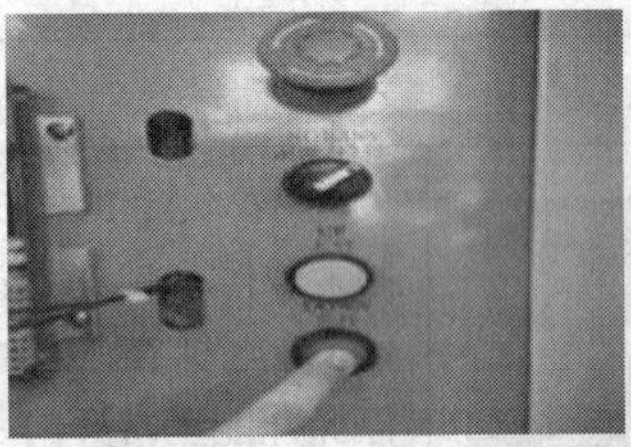

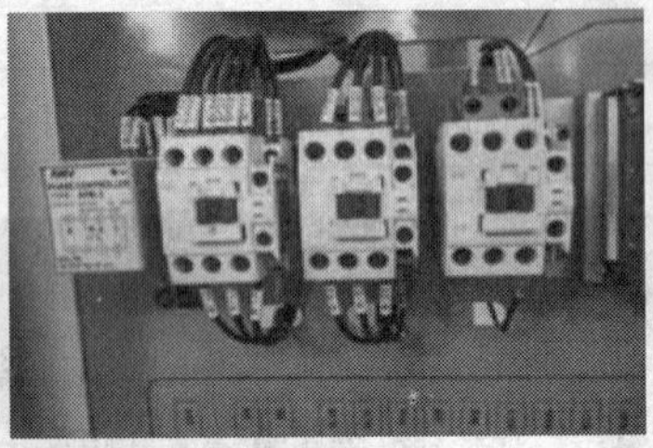

故障分析、排除方法：

记录人：

4．综合排故训练

进行综合排故训练，并填写综合排故训练记录表（样表）。

综合排故训练记录表（样表）

序号	故障范围	故障点	测量人	要求
1				在 F5021 微机控制电梯电气系统上有 4 个故障点，每排出一个故障点得 25 分，排除错误倒扣 10 分
2				
3				
4				
成绩		排故起始时间：	排故完成时间：	

四、交付验收

安装、调试完成后交付验收，并填写微机控制电梯交付使用申报表，向主管部门申报使用。

微机控制电梯交付使用申报表

设备基本信息			
设备代码		设备类别	
设备型号		设备名称	
安装开始日期		安装完成日期	
安装队负责人		联系方式	
调试工程师		联系方式	
是否调试完成且符合任务书的各项要求		安全验收部门	
设备制造单位信息			
制造单位名称		制造许可证书号	
制造日期		出厂编号	
设备使用单位信息			
使用单位名称		法定代表人	
使用单位地址		邮政编码	
联系人		联系电话	
单位所属行业		安全管理人员	
设备使用场所		设备投用日期	

学习活动 6　工作总结与评价

学习目标

1. 能按分组情况，展示工作成果，说明本次任务的完成情况，并做分析总结。

2. 能结合任务完成情况，正确规范地撰写工作总结。

3. 能就本次任务中出现的问题提出改进措施。

4. 能对学习与工作进行反思，并能与他人开展良好合作，进行有效沟通。

建议学时　4 学时

学习过程

一、个人、小组评价

以小组为单位，选择演示文稿、展板、海报、视频等形式中的一种或几种，向全班展示、汇报安装与调试成果。在展示的过程中，以小组为单位进行评价；评价完成后，根据其他小组对本组展示成果的评价意见进行归纳总结。

汇报思路设计：

其他小组成员的评价意见：

二、教师评价

认真听取教师对本小组展示成果优缺点以及在完成任务过程中出现的亮点和不足的评价意见，并做好记录。

1．教师对本小组展示成果优点的点评。

2．教师对本小组展示成果缺点及改进方法的点评。

3．教师对本小组在整个任务完成过程中出现的亮点和不足的点评。

三、工作过程回顾及总结

1．在团队学习过程中，项目负责人给你分配了哪些工作任务？你是如何完成的？还有哪些需要改进的地方？

2．总结完成微机控制电梯整机电气设备安装与调试任务过程中遇到的问题和困难，列举 2 ~ 3 点你认为比较值得和其他同学分享的工作经验。

3．回顾本学习任务的工作过程，对新学专业知识和技能进行归纳和整理，撰写工作总结。

评价与分析

按照客观、公正和公平原则，在教师的指导下按自我评价、小组评价和教师评价三种方式对自己或他人在本学习任务中的表现进行综合评价。综合等级按：A（90 ~ 100）、B（75 ~ 89）、C（60 ~ 74）、D（0 ~ 59）四个级别进行填写。

学习任务综合评价表

考核项目	评价内容	配分（分）	评价分数		
			自我评价	小组评价	教师评价
职业素养	劳动保护用品穿戴完备，仪容仪表符合工作要求	5			
	安全意识、责任意识强	6			
	积极参加教学活动，按时完成各项学习任务	6			
	团队合作意识强，善于与人交流和沟通	6			
	自觉遵守劳动纪律，尊敬师长，团结同学	6			
	爱护公物，节约材料，管理现场符合6S标准	6			
专业能力	专业知识扎实，有较强的自学能力	10			
	操作积极，训练刻苦，具有一定的动手能力	15			
	技能操作规范，遵循安装与调试工艺，工作效率高	10			
工作成果	安装与调试符合工艺规范，质量高	20			
	工作总结符合要求	10			
总　分		100			
总评	自我评价 ×20%+ 小组评价 ×20%+ 教师评价 ×60%=	综合等级	教师（签名）：		